节段预制拼装简支箱梁
施工关键技术及工程应用

陈中华　王福海　王君楼　刘　纲　朱　君　著

Construction Key Technology and Application of
Simply Supported Box Girder with
Prefabricated Segment Assembly

人民交通出版社

北京

内 容 提 要

本书以海控湾特大桥、华福特大桥为背景，系统总结了节段预制拼装简支箱梁的关键技术，具体包括制梁场选址与建场技术、简支箱梁节段预制施工技术、简支箱梁节段拼装施工技术、简支箱梁预制拼装施工监控技术等。

本书可供桥梁工程领域的技术人员、科研工作者阅读借鉴，也可作为高等院校相关专业教师和学生的参考用书。

图书在版编目（CIP）数据

节段预制拼装简支箱梁施工关键技术及工程应用 /
陈中华等著. -- 北京 ：人民交通出版社股份有限公司，
2024. 11. -- ISBN 978-7-114-19890-8

Ⅰ．TU323.3

中国国家版本馆 CIP 数据核字第 2024GP2358 号

Jieduan Yuzhi Pinzhuang Jianzhi Xiangliang Shigong Guanjian Jishu ji Gongcheng Yingyong

书　　名：节段预制拼装简支箱梁施工关键技术及工程应用
著 作 者：陈中华　王福海　王君楼　刘　纲　朱　君
责任编辑：谢海龙　李学会
责任校对：赵媛媛　魏佳宁
责任印制：刘高彤
出版发行：人民交通出版社
地　　址：（100011）北京市朝阳区安定门外外馆斜街 3 号
网　　址：http://www.ccpcl.com.cn
销售电话：（010）85285857
总 经 销：人民交通出版社发行部
经　　销：各地新华书店
印　　刷：北京建宏印刷有限公司
开　　本：787×1092　1/16
印　　张：14.25
字　　数：322 千
版　　次：2024 年 11 月　第 1 版
印　　次：2024 年 11 月　第 1 次印刷
书　　号：ISBN 978-7-114-19890-8
定　　价：128.00 元

本书编委会

主 任 委 员　陈中华

副主任委员　王福海　王君楼　刘　纲　朱　君

编　　　委　(排名不分先后)

王元清　王碧军　张开顺　余　斌　李　勇　唐双林

杜军良　张　斌　熊　军　元松亮　周广伟　李世君

李栋林　杨　阳　刘　斌　刘　超　钟　秋　张　文

张成平　方　兵　杜　卿　孙　瑞　兰　润　吕　超

吴清宇　潘泰沅　柳　青　王　棣　罗　勇　甘　宇

蒲　昆　石晓飞　王祚龙　曹　双　王志平　吕祥明

孙　帆　王　刚　刘术权　李迎阳

主 编 单 位　中铁十一局集团第五工程有限公司

中铁十一局集团有限公司

重庆大学

京昆高速铁路西昆有限公司

中铁二院工程集团有限责任公司

前言

　　节段预制拼装技术借助预应力束对混凝土预制节段施加压力，使得节段间接触面紧密结合，从而将各节段整合形成一个整体来承担桥梁荷载，具有预制质量高、拼装速度快等优势。从 20 世纪 40 年代法国建造 Luzancy 桥（预应力混凝土梁桥）首次采用预制拼装技术以来，该技术得到了世界各国桥梁工程师的广泛认可，并于 20 世纪 80 年代引入我国，逐步应用于公路、市政和铁路桥梁领域，其结构形式也呈现出多样化和复杂化趋势。例如，福州洪塘大桥、上海沪闵二期高架桥和上海新浏河大桥公路桥，以及黄河特大桥、石长湘江特大桥等铁路桥梁，均采用了节段预制拼装技术。

　　整体而言，相对于我国每年建造的桥梁总量，采用节段预制拼装技术建造的桥梁占比较少，其应用范围与技术优势并不匹配。随着桥梁施工吊装能力的不断提升、试验检测技术等的快速发展，制约节段预制拼装应用的拼接技术得到有效解决；同时，随着可持续发展理论的深入以及环保要求的提高，桥梁施工正朝着工厂化、标准化和装配化方向发展，节段预制拼装技术正成为大跨度简支箱梁的主要施工技术。近年来，我国节段梁、组合梁及桥梁下部结构预制拼装技术的研究与工程应用得到快速发展，桥梁预制拼装技术日趋成熟，自主研发了接缝剪力键构造、匹配预制以及体外预应力等众多新技术。

　　本书基于中铁十一局集团有限公司多年来在预制拼装桥梁基础研究与工程实践方面的部分成果编著而成，全书共分为 8 章，第 1 章全面介绍了预制拼装技术的发展历程、预制拼装技术在简支桥梁中的应用以及预制拼装技术体系；第 2 章阐述制梁场选址与建场技术，详细论述制梁场选址方法、设计及施工技术；第 3 章和第 4 章分别论述简支箱梁预制、拼装技术，形成简支箱梁的预制拼装一体化施工方法；第 5 章讲述简支箱梁预制拼装施工监控技术，提出应力、温度及主梁线形的施工监控方法；第 6 章和第 7 章分别以海控湾特大桥、华福特大桥为例，总结预制拼装技术在实际应用中的重难点；第 8 章总结本书的研究成果，并对近年来研发的新型预制

1

拼装技术进行了展望。

本书在编写时，注重理论密切联系工程实践，突出了桥梁预制拼装施工的特色，对公路、市政和铁路等类似桥梁的建设具有较强的参考价值，同时也注意利用图表对复杂的节段预制、拼装工艺进行直观介绍，便于读者理解和掌握。

本书写作过程中参考了国内外专家学者出版的论文、专著等资料，在此表示衷心的感谢和诚挚的敬意。同时，由于作者的学识和水平有限，时间仓促，本书难免存在不足之处，敬请读者批评指正。

作　者

2024 年 6 月

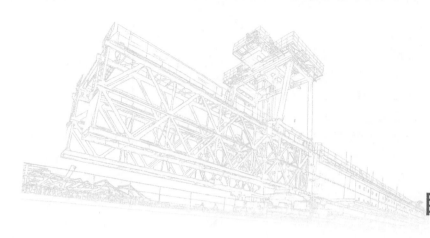

目录

>>> 第 **1** 章

绪论

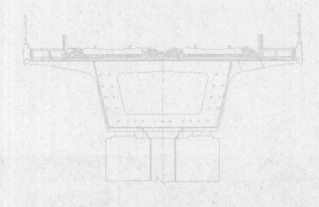

Construction Key Technology and Application of
Simply Supported Box Girder with
Prefabricated Segment Assembly

>> 1.1 预制拼装技术发展历程

预制拼装作为装配式技术在桥梁工程中的具体体现形式，具有构件生产标准高、现场安装快速便捷、施工节能环保等优势，不仅能减少桥梁建设对大气环境和交通道路的影响，同时能提升桥梁品质、安全质量以及文明施工水平。

桥梁预制拼装技术最早于20世纪40年代提出，法国首次采用该技术建造了Luzancy桥（预应力混凝土梁桥）。随后，欧美各国采用预制拼装技术修建了众多桥梁，但20世纪后期发生了两起塌桥事故，即1967年英国Bickton Meadows人行桥、1985年Ynys-Y-Gwas桥垮塌，使得桥梁工作者对预制拼装技术有了新的认识。通过对这两起塌桥事故的研究，桥梁工作者发现预制拼装桥梁存在预应力筋腐蚀问题。通过试验和研究，1992年英国交通部颁发了"禁止修建任何新的有黏结后张预应力混凝土桥"的禁令，1996年又取消了该禁令。但实际上，直到1998年，英国仍保持了不得建设节段预制拼装桥梁的禁令，主要是担心预应力筋在节段拼缝处出现腐蚀问题。同期，美国修建的预制拼装桥梁在耐久性方面却表现良好，这种矛盾促使世界各国桥梁工作者就该项技术展开了持续研究。

由于受到经济发展和地理、环境、技术等因素的限制，我国桥梁预制拼装技术的研究及应用起步较晚，1966年竣工的成昆铁路旧庄河1号桥是首次采用该技术施工的桥梁，但限于工程条件，此次应用并未取得满意效果。直到20世纪90年代，桥梁预制拼装技术在国内重新得到启用与发展，其中最早成功应用的是1990年通车的福州洪塘大桥。此后桥梁预制拼装技术在公路和铁路等领域得到了快速发展，在公路领域，上海沪闵二期高架桥［短线法预制，图1-1a)］、上海新浏河大桥［架桥机逐跨拼装，图1-1b)］等均采用了该技术进行施工，广州城市轨道交通4号线高架桥［图1-1c)］和厦门快速公交线高架桥［图1-1d)］更是大规模应用了该技术；在铁路领域，杨家滩黄河特大桥［短线法预制，移动支架架桥机逐跨拼装，图1-2a)］、湘江特大桥［悬臂拼装连续梁，图1-2b)］、河口黄河特大桥［移动支架架桥机逐跨拼装，图1-2c)］等也相继应用了该技术进行施工。该技术的成功应用标志着我国桥梁建设正朝着构件生产工厂化和标准化，结构施工拼装化和装配化，以及施工设备机械化的方向发展。

a)上海沪闵二期高架桥　　　　　　　　　　b)上海新浏河大桥

图　1-1

c) 广州市轨道交通 4 号线高架桥　　　　　　d) 厦门快速公交线高架桥

图 1-1　采用预制拼装技术施工的公路桥梁

a) 杨家滩黄河特大桥　　　　　　　　　　b) 湘江特大桥

c) 河口黄河特大桥

图 1-2　采用预制拼装技术施工的铁路桥梁

▶▶ 1.2　预制拼装技术在简支桥梁中的应用

　　简支桥梁是由梁两端简单支承在墩台上、以梁为主要承重构件组成的桥梁。该类桥相邻各跨单独受力、结构不受支座变位等影响，受力明确、构造简单，易于标准化设计、施工及运维，在我国公路、市政及铁路桥梁中得到了大量应用，也是我国众多桥梁形式中应用最多、最广的桥型。按照梁截面形式的不同，简支桥梁可分为 T 梁、箱梁、板梁、肋板式梁等，其中简支箱梁具有受力简单明确、整体性好、外形美观以及抗弯、抗扭刚度大等特点，建成后桥梁养护以及维修工作量少，是目前我国桥梁建设的首选形式。

长期以来，简支桥梁施工主要采用现浇（挂篮悬浇法、满堂支架法等）、整跨预制架设方式完成，但随着简支桥梁向高、大、长方向发展，采用以上施工方法存在以下缺点：

（1）对于整跨预制拼装施工，随着简支桥梁单跨长度的增加（目前最长可达 64m），采用整跨预制拼装施工时不仅运输、吊装重量较大，还增加了高空拼装的难度及风险，且对于曲线桥梁，由于梁板安装、定位等技术要求较高，往往需要耗费更多的时间和资源。

（2）对于挂篮悬浇法施工，当简支梁长度较大时，可能存在施工周期长、整体线形难控制等问题。

（3）对于满堂支架法施工，当桥梁采用高墩、大跨时，存在支撑体系的稳定性难保证，模板安装、拆卸困难等问题。

相比之下，节段预制拼装技术将整跨划分为若干节段，并在工厂或梁场预制，现场组拼，不仅降低了单次拼装的重量，且施工质量、线形等比传统方法更容易控制，近年来得到了世界各国桥梁工作者的广泛认可。此外，随着社会进步及人民环保意识的提高，桥梁施工环境越来越受到政府和人民的重视，尤其对于城市桥梁，其建设工期、施工噪声污染和保障交通通行压力等逐渐成为桥梁设计时首要考虑的因素。同时《"十四五"建筑业发展规划》指出，要"大力发展装配式建筑，构建装配式建筑标准化设计和生产体系，推动生产和施工智能化升级，扩大标准化构件和部品部件使用规模，提高装配式建筑综合效益"。因此，简支箱梁的节段预制拼装施工技术是我国桥梁行业未来发展的必然趋势，能更好地应对资源、质量和安全等方面的挑战，从而有效地提升我国桥梁的建造水平。

近年来，随着我国在桥梁建设中资金和精力投入的增长，简支桥梁节段预制拼装施工的理念和方法也在不断更新、发展，在丰富的实践经验中，我国建成了赤石特大桥、北盘江大桥等多项世界之最的桥梁工程。2014 年竣工的黄韩侯铁路芝水沟特大桥，更是国内首座采用干拼法建造的大跨度简支桥梁。2017 年竣工的周淮特大桥，施工时将总质量达 1.5 万 t 的连续梁"化整为零"，全部采用节段预制拼装技术施工。2018 年，港珠澳大桥在建造过程中大规模采用了节段预制拼装技术，极大缩短了建设工期。2022 年建成的潮白新河特大桥，通过在施工中采用"小节段预制、大节段拼装"的工艺，不仅显著提高了施工速度，同时较大程度节省了预制模板的费用。2023 年，济郑高速铁路长清黄河特大桥在建造中创新地采用了多联 3×56m 节段预制拼接施工工艺，是目前世界上时速 350km 高速铁路（以下简称"高铁"）中规模最大、工艺最新的等跨预制拼装桥梁。同年，渝昆高铁华福特大桥在建造中融合了预制架设简支箱梁、支架现浇简支箱梁、T 构连续梁（转体）及节段拼装简支箱梁四种施工工艺，创造了国内时速 350km 高铁中单跨最重节段预制拼装桥梁的纪录。经过多年发展，尽管节段预制拼装技术已取得了丰硕成果，但相对于我国每年建造的桥梁总量，采用节段预制拼装技术建造的桥梁占比仍然较小，主要原因在于缺乏相应的设计规范和标准，导致不同桥梁采用节段预制拼装技术施工时差异较大。因此，依托实际工程研究节段预制拼装技术十分必要，亟待从实践中总结相关施工经验，为后续类似桥梁建造提供借鉴。

▶▶ 1.3 预制拼装技术体系

简支箱梁作为重要的桥梁结构形式，具有受力性能优良、结构简单、施工方便和经济性好等优点，在公路、市政以及铁路桥梁中占比较大，是节段预制拼装技术最具适用性、可靠性的应用对象。节段预制拼装简支箱梁施工技术作为一种先进的桥梁施工技术，其先将桥梁的各个节段在工厂或现场进行预制，然后通过精确的测量和定位，将它们组装在一起，最终形成完整的桥梁结构。

节段预制拼装技术能较好适应桥梁施工机械化与工业化的发展趋势，弥补传统现浇方式的不足，通常包括制梁场建设、节段梁预制、节段梁运输、节段梁架设以及节段梁拼装等多个施工步骤，其中制梁场建设、节段梁预制、节段梁拼装、线形控制是桥梁成型的关键，是桥梁成桥后达到设计所要求的形状和尺寸的主要保障手段。近年来，节段预制拼装技术虽在国内外得到了广泛研究，但作为一种较新的桥梁施工技术，在实际施工中仍需注意以下关键技术：

（1）制梁场选址与建场关键技术

制梁场作为辅助公路、铁路等桥梁顺利建成的一类大型临时设施，具有占地面积大、临时性强等特点，对其进行合理规划和布置对节约土地资源具有重要作用。然而，我国现阶段对于制梁场规划和布置的重视程度远远不够，主要分为以下两方面原因：一是制梁场在整个桥梁建设工程中处于次要地位，其建设和运营成本占比一般较小；二是各制梁场所处地理位置、地形地貌、场地大小以及承担的制梁任务（包括数量和类型）均不同，当各种规格的预制梁在同一制梁场生产时，制、存梁台座的数量及其布置形式会对制梁质量、效率产生较大影响。故目前大多数制梁场仅依据工程人员的施工经验，以满足工期为主要目标进行布局规划，难以适应现代化桥梁建设工程的快速发展需求。因此，引入前沿、科学的方法来构建制梁场选址与建场技术，从而指导制梁场的布局规划，实现最优的资源组合和最佳的布置方案，是实现节段梁高质量、高效率预制施工的前提。

（2）简支箱梁节段预制施工关键技术

节段预制技术因其施工质量高、自然环境保护好、建设周期短等巨大优势，近年来在我国桥梁建设中发挥了巨大作用。根据预制操作方法的不同，梁段预制技术通常可分为两大类：一是短线台座法（短线法），二是长线台座法（长线法）。长线法预制施工工艺在国内已有十多年的实践历史，其预制的节段梁端面吻合性较好，易于拼接，但所需制梁场规模一般较大，且线形适应性、模板通用性稍弱，目前在国内推广相对较少。相比之下，短线法模板占地面积小，使用灵活，可放置于封闭环境进行施工，更有利于工业化生产，在我国市政项目中得到广泛应用。

尽管长线法、短线法得到了大力发展，为我国桥梁预制拼装技术的应用开辟了新途径，但一方面，节段梁预制时工序繁多，对模板工程、混凝土工程等施工工艺的技术要求较高，当预制过程中质量把控不到位时，容易对桥体造成不可逆的损伤，后期运维将存在较大安全隐患；另一方面，随着经济的发展和科技进步，桥梁结构也日新月异，无论是短线法还是长线法，均逐渐无法满足实际工程的需求。因此，在既有施工条件下，如何将长线法与短线法相结合并对台座布局及施工工序进行优化，从而提高制梁质量及效率是梁段预制技术亟待解决的关键问题。

（3）简支箱梁节段拼装施工关键技术

早在20世纪60年代，国内已在孙水河、津浦线子牙河、长江大桥九江引桥中试验性地引入节段拼装施工技术，但受架桥机调整精度、设备配套、节段梁线形控制等影响，施工效果并不理想。1997年，石长线跨湘江铁路大桥首次采用了专用移动式拼装支架进行节段梁悬臂拼装，极大地缩短了施工工期。近年来，随着节段拼装技术趋于成熟，先后在福建闽江大桥、珠海淇澳大桥、夷陵长江大桥等众多国内铁路、公路、市政、轨道交通等领域得到了广泛应用。同时，国务院提出装配式建筑数量到2025年需占新建建筑总量的50%以上的指导政策，将使节段拼装技术得到更广、更好、更快的发展和应用。

尽管目前国内外在节段拼装技术的研究方面取得了一定进展，但基本都局限于一些外形简单且重量轻的箱梁节段的拼装施工。对于大尺寸箱梁，由于节段重量较大，运输和吊装均较为困难，为减小节段尺寸和吊装重量，目前多采用分离多箱断面形式，但仍存在工程设备投入套数多、墩顶横梁施工难度大，以及工期长、造价高等问题。因此，如何保证大尺寸箱梁高效、安全地拼装施工仍需进一步研究。

（4）简支箱梁预制拼装施工监控关键技术

预制拼装技术在西方发达国家应用较早，相应的线形控制研究也开展较早。20世纪80年代，美国和法国对美国、欧洲、日本范围内多达270余座的预制拼装桥梁进行了研究，阐述了线形控制的重要性。2006年，国内学者针对墩顶节段梁的安装，结合全球定位系统（Global Positioning System，GPS）静态测量、水准测量与三角高程法，提出了新的定位点加密方法。之后，同济大学的王侃以直接纠正法、三次样条拟合法为基础，提出了一种预制阶段的线形误差修正方法。同济大学的郭敏总结了悬臂拼装阶段线形可能产生误差的原因及相应的修正方法，为悬臂拼装阶段的线形控制奠定了理论基础。

尽管近年来预制拼装桥梁的线形控制技术得到了大力发展，但由于国内一般采用短线法或长线法施工，目前针对这两种施工方式还未形成系统性的线形控制技术。其主要原因在于短线法的整体线形控制较困难，不利于形成多断面施工；长线法虽能保证节段的尺寸与整体线形质量，但投资较大。此外，目前大多数线形控制方法受施工作业条件的限制，均存在滞后性与不确定性，难以适用于施工环境复杂桥梁的预制拼装施工。因此，节段梁拼装时如何保证成桥线形质量仍需进一步研究。

总体而言，简支箱梁预制拼装技术作为未来桥梁施工的重点发展方向，尽管当前国内外开展了大量技术研究和工程应用工作，但在制梁场建设、节段梁预制、节段梁拼装以及线形控制等方面仍存在诸多技术难题，例如如何合理布置制梁场，以同时满足预制工艺、环保等要求；在拼装过程中如何处理变形、错台、缝隙等问题，这些方面取得的理论成果较少，亟需展开系统、深入的基础性研究工作。因此，本书结合实际工程案例对节段预制拼装技术进行应用和验证，从而完善和优化简支箱梁预制拼装施工工艺，为推动预制拼装桥梁的发展提供技术支撑。

本书研究的技术路径如图 1-3 所示。

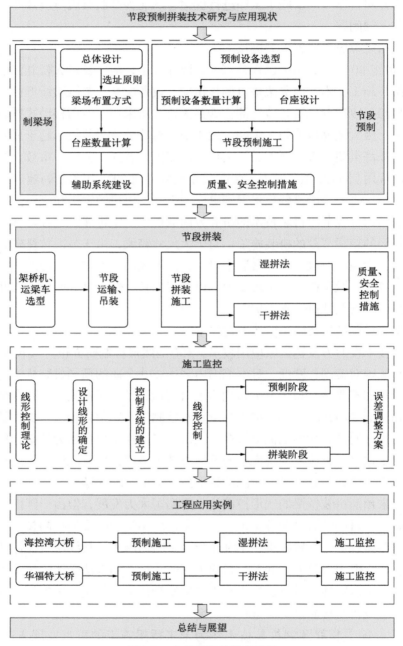

图 1-3　本书研究的技术路径

>>> 第**2**章

制梁场选址与建场技术

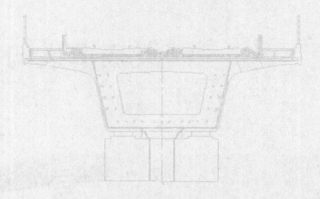

Construction Key Technology and Application of
Simply Supported Box Girder with
Prefabricated Segment Assembly

节段预制拼装简支箱梁施工的首要步骤是预制箱梁节段，为此需要在建设工程沿线修建一定数量的制梁场，用于箱梁节段的预制、存放。制梁场属于施工临时用地，且具有工程量大、占地面积大及施工环境复杂等特点，与永久性预制梁场的布局规划有着显著区别。制梁场的合理选址与建场对节约土地资源、降低施工成本以及保证工程进度等起到积极的推动作用，故成为节段预制拼装箱梁施工前需考虑的关键环节。然而，目前关于制梁场的选址过多地依赖传统布局规划经验，建场技术方面通常考虑不全，常常无法满足工程建设的实际需求，建成后面临需补建的窘境。因此，有必要梳理、总结制梁场选址与建场技术中的关键因素，并针对节段预制拼装简支箱梁提出新的可行技术，以指导制梁场的选址与建场。鉴于此，本章将介绍制梁场选址与建场技术，主要包括选址方法、制梁场设计和施工。

2.1　制梁场选址方法

2.1.1　选址原则

制梁场的选址应结合拟建桥梁的分布情况，在满足建设项目总工期与施工组织设计的基础上，比较技术经济条件后综合确定，主要遵循以下原则：

（1）在桥群集中地段设置制梁场。全面考虑梁型布置、工期、运架梁速度、地质状况及桥跨两端路基工程等因素进行制梁场选址，一般选择在桥群中心或两端附近，且地质状况较好的地方，以防止桥梁下沉。

（2）交通便利。制梁场应尽量与既有公路或施工便道相连，有利于大型制架设备和大量制梁材料运输进场。

（3）运梁距离短。较短的运输距离可保证梁段运输安全，提高桥梁的施工进度，降低运输费用。

（4）征地拆迁少。制梁场的位置应在满足制梁工期和存梁的前提下，少占用耕地，减少拆迁量，并尽量利用红线以内区域。

（5）考虑防洪排涝，确保雨季施工安全。

（6）尽量设置在路基挖方路段，且条件允许时，尽可能利用新建车站站坪设置制梁场。

（7）制梁场应尽量避免布设在邻近特殊结构物处，如桥梁现浇段、隧道中间等，以免受到特殊结构物施工工期的制约，造成制梁场前期窝工、后期赶工的被动局面。

2.1.2　制梁场分类及选址

根据制梁场所处场地类型不同，有以下几类场地选址方法：

（1）引道及其附近设置制梁场

此类制梁场一般设在桥后引道上，位于桥台后地基良好的路基上，多选在挖方区。根据梁数量、尺寸及设备进行制梁场内部布置，场内使用门式起重机运输，在门式起重机轨道内依次布置制梁区、存梁区，便于大型梁在场内运输。

（2）路基外设置制梁场

当桥台后路基不满足制梁场建设条件或存在结构物不适宜建设制梁场时，一般考虑在路基外设置制梁场，即在桥梁或桥后路基一侧选择一块合适的场地作为制梁场地。

该类型制梁场设在路基一侧，必要时可在路基两侧制梁。根据梁片数量、尺寸及设备情况征地。制梁区使用大型门式起重机进行搬运，设置足够的存梁区。

（3）路基上设置制梁场

在其他地点建设预制梁场不便时，可采用该类型制梁场。要求桥头引道上有较长的平坡，并且路基较宽（一般应大于24m）。其内部布置与上述制梁场基本一致。该类型制梁场受设置的地点限制，往往会严重影响引道路面施工。

（4）桥下设置制梁场

当地形条件特别困难，无法在引道及其附近设置制梁场时，可以考虑在桥下设置制梁场。此类制梁场一般设在河滩上，因此，对地基要求十分严格，地基承载力必须满足施工要求，且要求在枯水期能完成预制施工任务。

另外，由于桥下设置制梁场与桥梁施工有所重叠，受桥墩影响，一般无法设置自行门式起重机等设备。因而施工机械化程度低，各工序相互干扰，相互影响，管理难度较大。

该类制梁场一般只设预制区和架梁区，按场地情况一般可分为宽阔河滩上制梁场和堤内狭窄制梁场。混凝土制拌场设置在其他条件好的位置。

（5）宽阔河滩上设置制梁场

在河滩上设置制梁场要具备以下两个条件：一是地基承载力满足预制梁生产要求；二是枯水期能完成预制梁的生产。场内可采用跨墩门式起重机搬运，并可利用跨墩门式起重机安装若干孔，可在这几孔上拼装架桥机。

（6）堤内狭窄处设置制梁场

在很多跨河桥下堤内都有高出河面的台地，但这些场地都比较窄长，不可能像河滩上那样大面积布置制梁场，此时可采用该类型制梁场，根据场地情况，沿一孔垂直线路方向顺桥平行布置。此类制梁场对设备要求较高，需用门式起重机将梁提升到桥上，并配备平移装置将梁装上运梁平车，然后由架桥机安装。

（7）桥上设置制梁场

市内桥梁施工时，由于受地价等因素的影响，施工场地比较紧张，现场一般不单独设置制梁场；若在城外预制梁片，则梁的运输十分困难，此时可考虑在桥墩之间拼装支架，制作安装2～3孔主梁，然后把施工完成的跨径部分作为制梁场，并顺次使制梁场扩展出去。该类制梁场要求预制台座可活动，采用跨墩门式起重机比进行大型梁安装。由于施工要求比较复杂，一般不适用于大型梁预制。

（8）远距离设置制梁场

远距离制梁场是在与桥梁施工现场完全不相关的环境下制梁，此类制梁场不受桥梁施工现场条件限制，而且便于集中管理，场地面积一般也不受限制，在预制梁数量大时优势明显。但是，此类制梁场因为与桥梁施工工地相距较远，运输极为不利，费用也大大增加。这种制梁场一般在城市立交桥施工中比较常见，或是几个施工工地都需要大批的预制梁时，可以采用这种制梁场，但建设时应注意与各个工地保持适宜的距离。

2.2 制梁场设计

2.2.1 设计原则

制梁场的设计应遵循"安全适用、技术先进和经济合理"的总原则，以达到"制梁速度快、质量高和建场费用低"的目的，具体包括以下原则：

（1）应按照"混凝土集中拌和、钢筋集中加工、预制梁板集中预制"的三集中原则建设制梁场，其中钢筋在加工场集中加工，梁板集中预制，并由运梁车运输至各施工点架设。

（2）应确保制梁场面积、台座数量、机械配备等满足要求。

（3）制梁场选址与布置应经过多方案比选，并合理划分钢筋加工及安装区、浇筑区、拌和站以及存梁区等。

（4）制梁场建设应与桥梁下部结构同步施工，避免出现"梁等墩"或"墩等梁"现象。

（5）制梁场建设时利用的填方路基、路堤边坡的防护及排水设施应提前完成。

（6）制梁场电力架设应满足三相五线制要求，同时需设置柴油发电机组作为备用电源，确保制梁场的施工用电。

（7）当选择好的制梁场原地形较为平坦时，可采用同一高程进行平面布置，但场内排水系统设计要合理；当地形高差较大时，制梁场可采用阶梯形布置，但提梁机移梁、运梁必须在同一高程平面布置。

（8）采用运梁通道、路基上桥方式时，制梁场应设置于桥头路基旁，制梁场生产区平面高程与路基高程应尽量接近，以利于缩短运梁通道长度；当采用提升设备垂直运梁上桥时，制梁场设置于平坦地段，存梁台位应设于桥址边。

2.2.2 制梁场平面布置

1）布置形式

制梁场的平面布置取决于制梁台座和存梁台位的布置。总的来说，制梁场的布置方式通常有纵列式和横列式两种，其中纵列式布置台座的长度方向平行线路走向，适用于制梁场靠近线路的情况；横列式布置台座的长度方向垂直于线路方向，因此梁段上桥前需水平旋转 90°，适用于制梁场远离线路的情况。但需注意的是，无论是采用纵列式还是横列式，均应综合考虑施工工期、制梁场规模以及地形条件等，避免规模不合理，浪费建设资金。

通常来说，在设计阶段就应规划出制梁场的位置，避免施工时场地的迁移。同时需对制梁场的位置、地质情况和运输路线等进行认真评估，以便确定对工期和交通的影响程度。此外，为了节省节段的运输时间与费用，理想的制梁场通常布置在工地附近，以减少预制梁段转运至存梁场的运输和二次转运成本。制梁场通常包括以下四个区域，如图 2-1 所示。

（1）钢筋加工及安装区，用于扎制钢筋笼以安置选取的模板。

（2）浇筑区，用于安置模板、钢筋笼等，并浇捣混凝土，与制梁台座布置在同一位置，此处不进行具体标明。

（3）拌和站，用于储存砂石料、水泥和搅拌混凝土，视施场具体情况设置，此处不进行具体标明。

（4）存放区，用于堆放交付运输、安装前的成品构件。

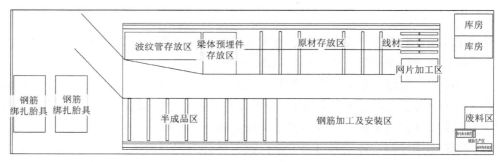

图 2-1 制梁场的组成

2）制、存梁台座

（1）布置形式

制、存梁台座布置形式与制梁场类似，主要有纵列式和横列式两种布置形式。纵列式布置台座的长度方向平行于线路走向，横列式布置台座的长度方向垂直于线路走向。横列式适用于梁场远离线路的情况，而纵列式适用于梁场靠近线路的情况。

在每种布置方式中，多个台座的具体排列方式主要取决于箱梁移出台座的方式。目前，箱梁移出台座主要采用门式起重机吊移，其中台座可单列、双列及更多列布置。

（2）台座数量

制梁台座数量主要由制梁场日生产能力、台座周转周期决定。制梁台座周转周期一般为 4d/节段，其中模板组装就位、钢筋绑扎吊装、浇筑作业共需 1d，养护需 2d，脱模、初张、移梁作业共需 1d。

存梁台座数量要综合考虑工期进行设置。根据气候情况，存梁周期一般为 40～45d，其中浇筑完成后 10～15d 进行终张拉，并根据设计要求，一般在终张拉 30d 后架设。

制梁场的台座配备应根据工期、架梁、提运梁方式确定，为满足施工高峰期间箱梁架设速度，可适当增加存梁台座的数量，增加的数量应能满足架设半个月箱梁的预存台座数，可参照表 2-1 确定台座的数量。

制梁场台座配备参照表 表 2-1

序号	制梁计划（孔/月）	制梁台座（个）	存梁台座（个）
1	75	12	75～120
2	62	10	62～100
3	50	8	50～80
4	37	6	37～60

3）结构形式

制、存梁台座应采用强度等级不低于 C30 的混凝土浇筑，上部结构承台形式基本相同，主要区别在下部结构。目前下部结构采用的形式主要有扩大基础、预应力高强度混凝土（Prestressed High-strength Concrete，PHC）管桩、水泥粉煤灰碎石（Cement Fly-ash Gravel，CFG）桩、钻孔灌注桩、挖孔灌注桩等，应根据地基承载能力及土质类型选择相应的基础。

扩大基础适用于地质条件较好的情况，其施工速度快，施工成本低，是优选基础类型，其次是 PHC 管桩、CFG 桩基础形式，这两种形式施工速度基本相同，对土质要求有所差别，可根据管桩的材料价格区别选用。当以上三种形式都不适用时，可选用钻孔灌注桩或挖孔灌注桩形式。

4）模板配置

箱梁模板宜采用定型组合钢模，如图 2-2 所示，其中外模宜为开合式钢模板，内模为可牵引（或自行）液压钢模板。

a) 正视图　　　　　　　　　　　　　　　　b) 后视图

c) 内部构造

图 2-2　组合钢模板

底模配置数量与制梁台座比例宜为 1∶1，当侧模为固定式时，其数量应与底模相同；当侧模为移动式时，其与制梁台座的数量比例应为 1∶2；内模配置数量与制梁台座的比例宜按 5∶7 考虑，端模配置数量与内模相同。

5）主要设备配置

（1）选型原则

为满足箱梁架设进度及施工质量要求，应遵循"混凝土生产能力大于浇筑能力、混凝土运输能力大于生产能力、移梁能力大于制梁能力、制梁速度大于架梁速度"的原则进行设备配置。

（2）工作循环

制梁场设备选型时需考虑箱梁预制工作循环时间，对于大部分预制拼装桥梁，其预制工作循环时间见表2-2。

箱梁预制工作循环时间　　　　　　　　　　　　表2-2

序号	工作内容	占用时间
1	清理底模、安支座板、刷脱模剂、调整上拱	1d
2	吊装箱梁底腹板钢筋骨架	3h
3	立端模、安装内模	6h
4	立外侧模，外模在轨道上整扇滑移	6h
5	吊装箱梁顶板钢筋、模型调整、竖墙预埋、钢筋绑扎、预埋件安装	1d
6	梁体混凝土灌注	6h
7	养护、拆卸预埋件	10h
8	拆除及拖拉内模、拆端模及拆外模	1d

（3）混凝土拌和、运输设备

预制混凝土宜采用全自动拌和站拌和，并采用混凝土运输车配合混凝土输送泵与布料机泵送混凝土的方式入模，如图2-3所示。

a) 全自动拌和站

b) 混凝土运输车

c) 混凝土输送泵

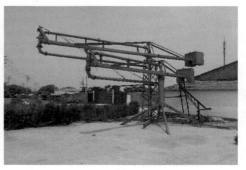

d) 布料机

图2-3　混凝土拌和、运输设备

混凝土拌和及运输设备的配备需满足混凝土浇筑的相关要求，例如每榀 32m 混凝土设计数量 334m，技术规范要求在 6h 内浇筑完毕，考虑设备备用及实际工作效率，如果制梁场设计日生产能力为 3 榀，梁场至少应设 2 套生产效率不小于 120m³/h 或 3 套生产效率不小于 75m³/h 的混凝土自动计量拌和设备，配置 6 台 8m³ 混凝土运输车，并相应配置 3 台输送能力均为 80m³/h 的拖式混凝土输送泵及 3 台布料机（电驱动为佳），布料机与输送泵按 1：1 配置。

（4）吊装设备

当制梁场日生产能力不大于 2 榀时，生产区应配置不少于 2 台门式起重机，如图 2-4 所示，负责钢筋骨架和模板的吊装；当梁场日生产能力大于 2 榀时，生产区应配置不少于 3 台门式起重机。

图 2-4　门式起重机

（5）其他设备

在夏季和冬季施工时，应严格控制混凝土的拌和温度，因此宜在拌和站附近专门设置水温控制装置（图 2-5），对搅拌用水实现夏季制冷、冬季加热，如图 2-5 所示。

图 2-5　混凝土水温控制装置

制梁场其他设备可根据实际需求合理配置。

2.2.3　制、存梁台座数量计算

制梁台座是整个梁场的核心，不仅需要承载模板安装、拆卸作业及混凝土浇筑的重量，也需要承受预应力筋在构件制作时的全部张拉力，因此梁场所有设施通常都以制梁台座为中心布置，如图 2-6 所示。

图 2-6　制梁台座（短线法）

在架梁工期确定的前提下，节段的预制与架设能力必须匹配，存梁数量以 1～2 个月的架梁数量为宜。其中制、存梁台座的数量原则上应根据施工组织设计及工期确定，可参考式(2-1)进行计算。

$$N_1 = nT_1 \tag{2-1}$$

式中：N_1——制梁台座的数量（个）；

　　　n——每天出梁数量（个/d）；

　　　T_1——每个台座制作单个梁段的时间（d），即单个台座的制梁周期，例如单个台座制梁周期平均按 6d/个计算，则 T_1 为 6d，但需注意的是，这是按一般情况考虑，即模板组装就位、钢筋绑扎吊装、浇筑作业 3d，养护 2d 以及脱模、初张、移梁作业 1d 全部完成。

存梁台座的数量可按式(2-2)进行计算：

$$N_2 = nT_2K_1 \tag{2-2}$$

式中：N_2——存梁台座的数量（个）；

　　　T_2——每片梁占用存梁台座的时间（d）；

　　　K_1——存梁系数，单层存梁时取 1，双层存梁时取 0.6～0.7。

▶▶2.3　制梁场施工

2.3.1　施工准备

制梁场建设遵循由低到高的原则，其总体施工工艺流程如图 2-7 所示。

制梁场施工准备工作主要包括生产及生活用水、临时用电以及运梁通道等，以下分别进行阐述。

1）生产及生活用水

生产及生活用水宜从制梁场周围就近水源提取或采用打井取水来解决，并在场内设立蓄水池，由水泵抽至蓄水池，水质应符合相关标准的要求。

根据制梁场布置特点及施工需要，宜采用无塔式供水加压系统，并埋设输送管道，满足生产生活需要。施工用水管路布设本着生产、生活用水独立，拌和用水、生产线内用水、存梁区用水管路独立的原则，以防止因水压不足造成各工序作业间的相互影响。

2）临时用电

施工用电主要使用当地电网，通过架设变压器和低压线输送至制梁场场内，供应生活用电和施工生产用电，并配备足够的备用发电机，以满足施工用电需求。临时用电时，需注意以下事项：

（1）施工现场临时用电应由专职电工负责管理，明确职责，并建立电工值班制，确定电气维修和值班人员。现场各类配电箱和开关箱必须确定检修和维护责任人。

（2）根据《施工现场临时用电安全技术规范》（JGJ 46—2005）规定，以三级配电两级保护的供电方式对用电设备送电。

（3）临时用电配电线路必须按规范架设整齐，架空线路必须采用绝缘导线，不得采用塑胶软线。电缆线路必须按规定沿附着物敷设或采用埋地方式敷设，不得沿地面明敷设。不得架设在树木、脚手架、钢筋上。

（4）各类施工活动与内、外电线路应保持安全距离，达不到规范规定的最小安全距离时，可采取可靠的防护和监护措施。

3）运梁通道

为满足场内施工通畅便利，便于梁板运输，应在预制场轨道内侧修建一条较宽的运梁通道，如图 2-8 所示。运梁通道路面应采用混凝土硬化处理，并加铺碎石垫层，其他施工车辆通过线外临时便道通行，禁止在制梁场内专用道路上行驶，避免污染路面。

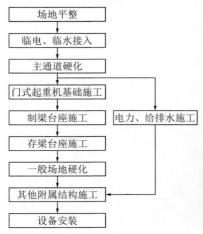

图 2-7　制梁场施工工艺流程图

图 2-8　运梁通道

2.3.2　地基处理

为保证后续施工的顺利进行，当地基承载力不符合设计要求时，可采取以下方法对地基进行处理：

（1）当制梁场利用桥台后的挖方路基时，路堑边坡的防护及排水设施应提前完成。

（2）制梁场设置在填方路堤或线外填方场地时，为防止产生不均匀沉降而影响制梁的质量，应提前对场地分层碾压密实。

（3）宜采用强度等级大于 C20 的混凝土进行浇筑，以满足梁板张拉起拱后基础两端的承载力要求。此外，对存梁区的枕梁要视地基的承载力情况适当配筋，并在台座上设置沉降观测点进行监控。

（4）场地硬化按照四周低、中心高的原则进行，表面排水坡度不小于 1.5%，沟底采用水泥砂浆抹面。

（5）场地四周应设置排水沟、沉淀池的集中排水系统。

由于箱梁制造精度要求非常高，制梁台座 4 个支座处基础不均匀沉降值与底模变形值之和不得大于 2mm，存梁台座不均匀沉降值不得大于 2mm，因此制、存梁台座的地基一般要视地质条件做必要的处理，一般情况下台座基础可采用扩大基础处理。

2.3.3 制、存梁台座施工

1）台座基础施工

（1）开挖

在已整平的场地上，根据测量放样的基础轮廓线、水准点确定基坑开挖线和开挖深度，宜采用人工配合机械的方式开挖。当开挖至设计深度时，应进行承载力检测，如果承载力小于 300kPa，可参照 2.3.2 节进行地基处理。

（2）钢筋制作、绑扎

钢筋在加工场制作成型，运到现场后按照设计要求安装，如图 2-9 所示。

图 2-9　胎膜化钢筋安装

（3）模板安装

根据台座结构的形式设计、安装模板。

（4）浇筑混凝土

制、存梁台座基础宜采用混凝土浇筑，并利用电子自动计量的强制式拌和机拌制混凝土。此外，按照规范要求做好混凝土试件后，由混凝土运输车运输到现场入模，采用插入式振捣棒振捣密实，浇筑完成后及时覆盖，派专人洒水养生，并在混凝土终凝前安放连接钢筋并凿毛。

2）制梁台座施工

（1）制梁台座直接在已经浇筑台座基础上采用钢筋混凝土浇筑，先在基础平面弹出每条台座线（称为基线），并保证台座顶面距离场地高度大于 40cm，再在台座线内侧两边按照设计间距插入钢筋。

（2）制梁台座反拱：按照设计要求的反拱值、下挠值设置反拱。为保证线路在运营状态下的平顺性，反拱按二次抛物线过渡，并充分考虑预应力施加时间、收缩徐变以及预计二期恒载上拱时间等因素的影响。

（3）吊装孔的设置：按照设计图纸提供的位置预留吊装孔。

（4）在台座侧模底端预留对拉螺杆穿孔。台座顶面宜采用钢板，与侧面型钢焊接固定在台座上。

（5）台座承载力：按照《公路钢筋混凝土及预应力混凝土桥涵设计规范》（JTG 3362—2018）验算台座承载力是否满足要求。

3）存梁台座施工

存梁台座的施工与制梁台座相同。

4）台座不均匀沉降防治措施

在台座施工及使用期间，应采取以下措施防止台座发生不均匀沉降：

（1）严格控制台座地基处理、混凝土浇筑等工序质量，以保证台座满足使用要求。

（2）浇筑台身混凝土前，应采用水准仪测量混凝土顶面高程，作为参考值，并适当加密高程控制点。

（3）制、存梁台座达到设计强度后，在施工进度允许的条件下，对台座实施超载预压，在消除台座大部分弹性变形并相对稳定后方可卸载。

（4）移梁至存梁台座前，应再次采用水准仪测量顶面高程。

（5）存梁前，应提前布设水准点高程监控网，密切监测存梁台座的沉降，发现沉降变化异常或不均匀沉降加剧时应及时采取措施。

（6）建立完善的制梁场排水设施，避免因台座积水影响基础的稳定性，引起不均匀沉降。

2.3.4　门式起重机及轨道

根据实际需求选取门式起重机的数量及型号，主要用于起梁、喂梁，拆、立模板，浇筑混凝土，运输张拉设备等。门式起重机轨道的纵向坡度不得大于 1.5%，且需在轨道端头安装终端限位装置和制动挡板，以防止起重机脱轨事故的发生。门式起重机拼装时，应严格按照产品说明书的顺序安装，安装由专业技术人员完成，安装过程中安全主管领导必须现场指挥监督。

门式起重机正式使用前应进行试车。试车前，需全面检查电动机的转向是否符合要求，两支腿上的电机减速机转向是否相同，并调整好制动装置，检查各减速机的油量是否充足，在各转动齿轮部位上加上润滑油。此外，应对门式起重机各部件进行全面检查，确认安装稳固后方可试车运转，其中试车主要包括空载试验和额定荷载试验。

1）空载试验

（1）将小车和大车行走机构沿各自轨道行走数次，车轮无明显打滑现象，启动、制动正常可靠。小车架上的缓冲器与主梁上的碰头位置应正确。

（2）开动起升机构，空钩升降数次，观察钢丝绳走线是否正确，是否碰到其他构件。

（3）将小车开到跨中，大车慢速沿轨道全长来回行走几次检查启动、制动时运行是否平衡。

2）额定荷载试验

（1）当空载试验完全可靠后，方可进行额定荷载试验。

（2）试吊进行垂直升降，共分三次进行：

①起吊 10cm，检查起重设备各部分有无异常情况后落下。

②起吊 50cm 并落下 30cm，停 5min 再落下。

③起吊 1m 并落下 20cm，停 3min（共停四次）后落下。

④运行全过程中检查电动葫芦走行机构制动情况，制动不及时或异常时应停止试验。

⑤试吊时发现不良情况应停止试验，经处理修复后再进行试验。

2.3.5　生产线与供水供电

1）生产线

生产线需根据实际工程情况进行设计，且在设计中需注意以下事项：

（1）生产线与桥梁的距离、周边设施情况，是否会对居民的生活产生影响。

（2）合理配置钢筋加工及安装区、浇筑区、拌和站及存放区，使其高效合理地运转。

（3）台座基础应具有足够的强度，无法达到设计强度时需进行处理。

（4）同条生产线的单个台座内应配置一定数量的小型门式起重机，用于小型材料、用具的吊装作业。大型门式起重机主要用于梁段转运、倒运及转存等吊装作业。

2）供水

（1）供水系统

供水系统一般设置在制梁场外侧，先开挖一口集水井，再通过高量程水泵抽至场内的蓄水池里，利用水池与制梁场的高差形成高压水，从而形成供水系统。

（2）排水系统

制梁场施工用水主要包括混凝土拌和用水、浇筑用水、养护用水和设备清洗用水等。为保证施工区域的有序和整洁，一般在制梁场内设置主排水沟和辅助排水沟，且两类排水沟互相衔接，并设置一定的纵坡度。

除此之外，通常在门式起重机轨道的内、外侧各布置一条主排水沟，顶面铺设可拆卸式钢筋网盖板，并定时清除沟内杂物。主排水沟需接通场地外的排水沟，以避免制梁场内的积水现象。

辅助排水沟与主排水沟垂直，通常布置在各台座之间，其顶面同样铺设可拆卸式的钢筋网盖板，并定时清除沟内杂物。

3）供电系统

电源应从制梁场两侧变压器的高压电路线引入场外，并配置标准配电柜。考虑到制梁场运输、起重设备频繁，场内电缆宜采用埋地式，在地势低洼处与水沟并行，既方便检修又能保证外观整洁。此外，生产区配电箱间距原则上不超过 30m，且在电缆过沟处应加设钢管防护。

所有的电气设备应按照安全生产的要求进行安装，所有穿过施工便道的电力线路应采用从硬化地面下预埋管路穿过或架空穿过方式。

2.4　质量、安全与环境保证措施

2.4.1　质量保证措施

（1）轨道基础承载力达到设计要求后方可进行后续工序施工，以避免基础下沉或变形导致制梁质量降低。

（2）行走轨道平直及间距误差不应超过 3mm，避免后期生产小车行走时出现事故。

（3）地坪地基应平整夯实，不能出现塌陷，浇筑区地坪混凝土厚度不应小于 200mm，宜铺设一层钢筋网。

（4）预埋管线浇筑时不应有破损、淤堵现象，且管线端头应有一处或几处通至主排水沟。

（5）除了材料存放区及绑扎区以外，所有生产区必须按图纸要求预留排水沟，并与主排水沟（管）连通，以保证排水畅通。

2.4.2　安全保证措施

1）机具、材料吊装

（1）起吊时，严禁超重起吊或载人。起重吊装用的钢丝绳，应经常检查更新。吊放钢筋、模板前要检查起重机、起吊杆件、钢丝绳的工作性能，确保杆件及钢丝绳无损伤、弯折、破损、断裂等现象。

（2）钢丝绳使用过程中不得死弯扭结，且要经常检查其强度，一旦发现有问题应及时维修、补强或更换。

（3）起重前应对吊钩检查维修，根据吊钩载重能力使用，不得超负荷工作。吊钩表面应光滑，不得有裂纹或刻痕存在。

（4）各种机械操作人员和车辆驾驶人员，必须持有操作合格证，不得操作与该证不符的机械，不得将机械设备交给无本机操作证的人员操作。

（5）起重机操作员与信号员应按各种规定的手势或信号进行联络。

（6）起重机在工作时，起重臂下严禁站人。

2）电气设备

对于门式起重机等大型电动设备，必须严格遵守电气设备操作规定，操作人员必须经培训考试合格方能操作。暴雨、雷雨天气不得作业，衣服和手潮湿不得操作，不得带电检修，以防漏电发生人身安全事故。

3）门式起重机防风

在门式起重机上应安装多种防风安全装置，例如风速仪、紧急防风制动、夹轨器以及地锚等。当风速较大时，采用风速仪对风力进行准确测量和显示，风力一旦达到或超过限值时，进行自动报警和切断电源，并由紧急防风制动对门式起重机进行延时强力制动；采用夹轨器和地锚将门式起重机固定在停车位置。

4）搬梁

（1）梁体起吊

施工技术人员应了解每一片梁的实际重量，及时、明确传达给装卸工组人员，并在门式起重机上安装钩头电子秤，以便对梁重进行复核。

（2）梁体吊装

梁体吊装时，应严格按规章制度选用索具、索点，正确加挂吊索、进行衬垫，防止因拴挂不良而导致梁体滑落、坠落。此外，装卸人员应及时检查索具状态，防止因索具断裂而导致梁体坠落。

（3）装载加固

梁体装车时，应严格按装车方案和装载加固方案进行码放、装载加固，防止作业及运输过程中造成梁体的损坏。

5）防护信号

装卸作业时，应按规定设置带有脱轨器的红色信号，确保其白天与夜间红色信号的可视性，避免因信号不清影响车辆调度作业安全。

6）装车质量

（1）装车时，不得超重、偏重，避免因装载加固不良在运输途中影响行车安全。

（2）装车结束后，应认真检查附属作业情况，确认车门关闭良好、插销与搭扣插得牢靠，避免运输途中因车门关闭不良影响行车安全。

（3）装车后宜加盖篷布，并按规定覆盖、压紧、拴牢篷布绳索和绳网，避免运输途中影响行车安全。

（4）作业完成后，应及时进行自检，并要求现场安全员验收，确保"安全第一，预防为主"。

2.4.3　环境保证措施

1）生态保护

（1）对于施工界限外的植被，应尽力维护，不任意取弃土渣，未经有关部门批准不得随意改变附近区域的植被与绿化。

（2）制梁场内的临时房屋建设宜采取因地制宜、简易方便的布置原则，充分利用附近的既有道路和房屋场地。

（3）临时施工场地的选择与布置尽量少占用绿地面积，保护好周围环境，减少对植被生态的破坏。

（4）施工结束后应及时恢复绿化或整理复耕。

（5）工程取土应符合所在地相关管理办法的规定，取土时严格落实水土保持措施，进行有序开挖、取土，减少对生态的破坏。

（6）妥善处理废方、弃土、弃渣，采取集中堆放的方式来避免破坏或掩埋场坪旁边的林木、堵塞河道、改变水流方向。

2）噪声、粉尘控制

（1）机械设备选型配套时，应优先考虑低噪声设备，尽可能采取液压设备和摩擦设备代替振动式设备，并采取消声、安装防振底座等措施，确保施工噪声达到施工环保标准要求。

（2）合理安排噪声较大的机械设备的作业时间，避免夜间施工作业对附近居民区造成影响。

（3）对场内主要运输道路进行固化，配备洒水车定时洒水防尘。

（4）严禁在场地内燃烧各种垃圾及废物，在进场道路口设置洗车池，及时对运输车辆进行冲洗。

（5）场内安排专人进行道路的清扫，保证场地及车辆的清洁。

3）水环境保护

（1）施工废水、生活污水应按照清污分流、雨污分流的原则排放。

（2）废水、污水应按相关规定集中处理后排入管网，不得直接排入农田、河流和渠道。

（3）施工时，应对地下水、泉点、水井进行定时观测，避免施工造成水位下降，防止因地下水、地表水流失改变水系，破坏生态平衡。

（4）应保护自然水流形态，做到不淤、不堵、不留施工隐患。

（5）生活污水应采用化粪池进行净化处理，生活废水须经沉淀池处理后方可排放，不得随意排放，拌和站及其他施工区产生的施工废水经污水沉淀池过滤、沉淀净化处理后方可排放。

（6）机械存放点、维修点、车辆停放点以及油品存放点做好隔离沟，将其产生的废油、废水或漏油等通过隔离沟集中到隔油池，经有效处理后方可按标准排放。

4）大气环境保护

（1）设备选型时，应优先选择低污染设备，并安装空气净化系统确保排放达标。

（2）施工机械设备应定期进行维修保养，尽量避免因设备老化作业排放过量浓烟或有害气体而污染空气，不符合尾气排放标准的机械设备不得使用。

（3）对汽油等易挥发品的存放要采取严密可靠的措施。

（4）施工场地和运输道路应经常洒水，尽可能减少灰尘造成的大气环境污染，在运输水泥等易飞扬的物料时用篷布覆盖严密，并装量适中，不得超限运输，对存煤区采取搭设顶棚及喷洒雾水措施防止煤粉飞扬造成大气环境污染。

5）固体废弃物处理

施工现场的生活垃圾应采取"集中收集、统一处理"的原则堆放于当地环保部门指定地点，对于施工中废弃的零碎配件边角料、水泥袋、包装箱等及时收集清理并做好现场卫生，以保护自然环境不受破坏。

6）水土保持措施

生产、生活排水应采取集中处理、统一排放的原则，并建立场区排水管网，严禁乱排、乱放，以免污染环境及造成水土流失，对靠近沟渠侧或山体侧的坡面进行防护，对场区内主要道路及功能区场地进行硬化处理以利于水土保持。

>>> 第 **3** 章

简支箱梁节段预制施工技术

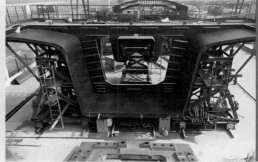

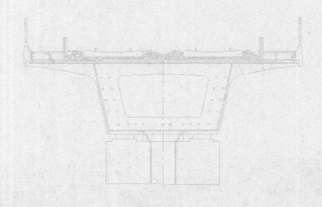

Construction Key Technology and Application of
Simply Supported Box Girder with
Prefabricated Segment Assembly

简支箱梁节段预制是指在制梁场内将箱梁节段先行预制的过程，通过节段预制后现场拼装，可大幅减少现场施工的工作量和难度，提高桥梁建设的效率和质量，从而保障桥梁快速、高精度、高品质建设。根据预制线设置方式的不同，节段预制方式可分为短线法或长线法。无论采用短线法或长线法进行简支箱梁节段预制，其施工均涉及预制设备选型、台座设计以及预制工艺设计等内容，故合理确定预制设备数量、优化台座设计以及提升生产工艺成为预制环节提高施工效率、保障安全质量的关键。因此，本章首先简要介绍简支箱梁节段预制施工的难点，然后从预制设备、台座设计以及施工工艺三个方面阐述预制施工中的关键技术。

3.1　技术难点

尽管近年来节段预制技术在国内外均取得了长足发展，但其在实际应用中仍存在以下难点：

（1）施工前期投入大，主要包括模板工程、混凝土工程等施工设备购置，因此选取合适的预制设备成为关键。

（2）制、存梁台座受力大，该技术对台座刚度及变形要求较高，如何对台座进行合理设计及验算至关重要。

（3）预制模板的制作、安装精度要求较高，且对于短线法和长线法而言，模板的设计、安装等存在显著差异。

（4）节段预制包括模板工程、钢筋工程以及混凝土工程等，施工工序复杂，施工质量要求较高。

3.2　预制设备选型及计算

简支箱梁节段的预制主要包括模板工程、钢筋工程、混凝土工程等，涉及搅拌机、泵送机以及电焊机等多种设备的选型及现场所需台套数的计算。本节将对预制设备的合理选型，以及如何计算适量台套数进行阐述。

3.2.1　预制设备选型

1）选型原则

预制设备的选型配套主要取决于制梁场规模和工期长短，并应遵循以下原则：

（1）根据制、架梁的数量，工期，架梁区段长度，架桥机、运梁车数量，制梁场地势、位置和地质条件，架梁半径等综合因素确定制梁场的规模。

（2）在满足制、架梁工期，进度指标和制梁各工序循环作业时间要求的前提下，计算制、存梁台座及模板数量。

（3）根据企业技术政策，现有设备状况、施工经验，并考虑具有一定储备能力的原则，选择各施工工序机械设备的型号、规格和数量。

（4）在满足工期进度指标前提下，考虑各工序之间的均衡性，注意各工序生产能力的配套关系。

（5）充分发挥现有设备的作用，降低工程设备的投入成本。当设备不足时，再考虑新制和新购设备。

（6）新购设备选型时，应充分调研、考核并掌握设备的型号分类、特点、规格以及厂家信誉，做到技术先进、经济合理。

（7）根据各工序的工作量及已选机型的生产能力综合确定设备的台数。

2）模板设备选型

（1）模板选型

模板通常分为侧外模、底模、端模和内模。其中侧外模分为组合式侧外模、整体固定侧外模和移动式整体侧外模，内模分为组合式内模和液压整体式内模。

应优先选用移动式整体侧外模和液压整体式内模，主要原因在于移动式侧整体侧外模和液压整体式内模无须人工组拼、拆卸及吊装，工人劳动强度低、工作效率高，施工作业安全、成型质量好，是梁体预制的理想模板装备。但其投入成本较高，因此对于制梁场规模小、制架工期较宽松的梁体预制工程，也可采用组合式内模和侧外模。

（2）模板配套

模板数量的配套取决于梁体预制各工作循环时间及在制梁台座上的占用时间，见表 3-1。

主梁预制施工工序循环时间表 表 3-1

顺序	主要工作内容	制梁台座占用时间（h）	外模占用	内模占用
1	清理底模，刷涂脱模剂，调整上模	5	—	—
2	安装侧外模，支座板	8	✓	✓
3	吊装梁底胶板钢筋骨架	3	✓	✓
4	安装液压（组合）内模	3	✓	✓
5	吊装顶板钢筋骨板	3	✓	✓
6	安装端模	3	✓	✓
7	浇筑箱梁混凝土	6	✓	✓
8	静停养护	4	✓	✓
9	蒸汽养护（混凝土达 50%设计强度）	24	✓	✓
10	混凝土自然养护	48	—	—
11	移运箱梁	8	—	—

3）混凝土设备选型

（1）拌和站

混凝土拌和站是预应力混凝土梁预制施工的主要设备，是将一定配合比例的水泥、砂石集料、添加剂及水等搅拌成匀质混凝土的专用大型机械，其选型配套主要遵循以下原则：

①根据制梁场的规模、日制跨数，计算制梁场单日混凝土供应量。一般情况下，制梁场规模在 600 跨以上，日平均制梁 2～3 跨的制梁场宜选择 $2 \times 240 \text{m}^3/\text{h}$ 拌和站；梁场规模在 600 跨以下，日平均制梁 1～2 跨的制梁场宜选择 $2 \times 120 \text{m}^3/\text{h}$ 拌和站，以满足梁体连续浇筑时间不超过 6h 的要求。

②混凝土拌和站主机形式的选择应根据预制箱梁高性能混凝土稠度大、集料粒径小、坍落度小的特点，优先选择双卧轴强制式搅拌机。其优点是搅拌时间短、生产率高、搅拌质量好、对环境污染小。

③混凝土拌和站集料供应系统形式的选择，应结合制梁场地的地形、地势条件、场地面积、施工经验及使用习惯来综合比较选择。目前，常用的拌和站为独立料场与配料机分离，装载机供料，皮带输送机提升的仿楼形式。其特点是占地面积小，基础投资费用低，适应性强。

④混凝土拌和站水泥供应方式一般有螺旋输送机、回转给料机、斗式提升机和压气输送四种。目前常用为压气输送，其特点是对环境污染小，效率高。

⑤混凝土拌和站配料计量系统选择应配置可编程逻辑控制器（PLC）微机控制监视管理，以确保预制箱梁高性能混凝土对集料、粉料、剂料、水的精度要求。

（2）泵送机械

混凝土泵送机械包括混凝土输送泵及混凝土泵车。混凝土输送泵是将混凝土沿管道连续输送到浇筑工作面的一种混凝土输送机械，混凝土泵车是将混凝土泵装在汽车底盘上，并用液压折叠式臂架上的管道来输送混凝土的机械，其选型配套主要遵循以下原则：

①混凝土输送泵按移动方式分为拖式、固定式、臂架式和车载式。拖式混凝土输送泵安装有轮胎，可以在施工现场方便地移动，在铁路工程施工中使用较为普遍。

②混凝土输送泵按驱动形式分为机械式、液压式和风动式。目前机械式和风动式已经基本停止生产。

③混凝土输送泵按排量大小分为小型（泵排量小于 $30 \text{m}^3/\text{h}$）、中型（泵排量为 30～80 m^3/h）和大型（泵排量大于 $80 \text{m}^3/\text{h}$）。

④混凝土输送泵按分配阀结构形式分为管型闸阀、闸板阀和"S"阀三种类型，目前制梁场常用的是闸板阀和"S"阀液压式混凝土输送泵。

⑤混凝土泵车按底盘结构可分为整体式、半挂式和全挂式。目前常用的是整体式混凝土泵车。

3.2.2　预制设备计算

1）模板设备

（1）底模

底膜的计算公式如下：

$$N_{\text{bf}} = \frac{Q_1 t_1}{T_1} \tag{3-1}$$

式中：N_{bf}——需要的底模数量（个）；

Q_1——制梁场制梁的总量（片）；

t_1——制梁台座的周转时间（d）；

T_1——总工期（d）。

（2）侧模、外模、端模及内模

侧模、外模、端模及内模数量的计算公式如下：

$$N_{if} = \frac{Q_1 t_1}{T_1 O \varphi} \tag{3-2}$$

式中：N_{if}——需要的侧外模、端模、液压内模数量（片）；

O——底模与侧外模、端模、液压内模比例系数，一般取 2；

φ——养护时间（d）。

2）混凝土设备

（1）拌和站

混凝土拌和站台数计算如下：

$$N_{cmp} = \frac{Q_i}{Q_2} \tag{3-3}$$

式中：N_{cmp}——拌和站数量（台）；

Q_i——制梁场最大箱梁重量（t）；

Q_2——每台拌和站生产率（m³/h），其计算公式如下：

$$Q_2 = 3600 \times \frac{V}{t + t_2 + t_3} \tag{3-4}$$

式中：V——出料斗容量（m³）；

t——每罐料搅拌时间（s），一般 $t = 50 \sim 180s$，对于箱梁高性能混凝土取 $150 \sim 180s$；

t_2——提升料斗时间（s），一般 $t_1 = 15 \sim 20s$，对于箱梁高性能混凝土取 20s；

t_3——每罐料出料时间（s），一般 $t_2 = 10 \sim 30s$，对于箱梁高性能混凝土取 $20 \sim 30s$。

（2）输送泵

在一般情况下，混凝土输送泵的台数按照箱梁制梁台位每侧配置 1 台。可按下列理论公式计算：

$$N_p = \frac{Q_2}{T_2 Q_{pi}} \tag{3-5}$$

式中：N_p——混凝土输送泵台数（台）；

Q_2——混凝土灌注体积（m³）；

T_2——混凝土灌注时间（h），一般按 6h 计算；

Q_{pi}——每台混凝土输送泵生产率（m³/h），其计算公式如下：

$$Q_{pi} = Q_{max} a \eta \tag{3-6}$$

式中：Q_{max}——混凝土输送泵最大输送能力（m³/h）；

a——配管系数，一般 $a = 0.6 \sim 0.9$，当管道较长，混凝土坍落度较小时取小值，当管道较短，混凝土坍落度较大时取大值；

η——作业效率，一般 $\eta = 0.5 \sim 0.7$，主要根据混凝土输送车供料、布料杆灌注间歇时间确定。

（3）输送车台

混凝土输送车数量计算公式如下：

$$N_{cv} = \frac{M}{Q_2 \phi t} \tag{3-7}$$

式中：N_{cv}——混凝土输送车数量（辆）；

M——梁体所需混凝土体积（m^3）；

ϕ——混凝土输送车罐容积系数，取 $0.8 \sim 0.9$；

t——混凝土输送车循环时间（h），其计算公式如下：

$$t = S \times \frac{2}{\upsilon} \tag{3-8}$$

式中：t——混凝土输送车一次循环时间（h）；

S——混凝土输送车运输距离（km）；

υ——混凝土输送车重、空载平均行驶速度（km/h）。

（4）混凝土泵车

混凝土泵车数量计算公式如下：

$$N_{cpv} = \frac{Q_2}{T_2 Q_{pi} K_1} \tag{3-9}$$

式中：N_{cpv}——混凝土泵车数量（辆）；

Q_2——混凝土灌注体积（m^3）；

T_2——混凝土泵车灌注时间（h）；

Q_{pi}——混凝土泵车生产率（m^3/h）；

K_1——作业效率，一般取 $K_1 = 0.5 \sim 0.7$，主要根据混凝土输送车供料及其间隔时间确定。

（5）布料杆

混凝土布料杆是混凝土输送泵的传输装置，其数量需要在满足输送半径的前提下与混凝土输送泵数量一致（如需缩短混凝土布料杆倒运时间可增加 $1 \sim 2$ 台）。

（6）振动器

在实际工程中，振动器的数量一般按经验确定。当混凝土捣固按正方形排列时，振动器数量 N_v 应满足如下条件：

$$N_v < 1.5R \tag{3-10}$$

当混凝土捣固按交错形排列时，振动器数量应满足如下条件：

$$N_v < 1.75R \tag{3-11}$$

式中：N_v——振动器台数（台）；

R——作业半径（m），由于振动器为消耗品，在实际配备时可增加 50% 的储备。

3）钢筋设备

（1）切断机

钢筋切断机的切断力计算公式如下：

$$F_{sc} = K_2 K_3 \sigma A \times 10^3 \tag{3-12}$$

式中：F_{sc}——钢筋切断机切断力（N）；

K_2——刀片磨钝系数，一般取 1.1～1.3；

K_3——抗剪极限强度与抗拉极限强度之比，一般取 0.6；

σ——钢筋抗拉强度（N/mm²）；

A——被切断钢筋截面积（mm²）。

钢筋切断机的数量计算公式如下：

$$N_{sc} = \frac{WQ_3}{Q_{sci}\phi_1} \tag{3-13}$$

式中：N_{sc}——钢筋切断机需要台数（台）；

W——每工作日绑扎钢筋笼数量（个）；

Q_3——一榀钢筋笼切断数量（根）；

Q_{sci}——钢筋切断机每日生产率（根/d）；

ϕ_1——钢筋切断机工作制作系数，一般取 0.5～0.7。

值得注意的是，根据现场施工经验，当制梁场规模在 500 榀以上，日生产箱梁 2 跨时，钢筋切断机配备 5～6 台；当制梁场规模在 500 榀以下，日生产箱梁 2 榀以下时，配备数量可斟减。

（2）弯曲机

钢筋弯曲机弯曲力矩计算公式如下：

$$M = \frac{kdR}{\phi_2 \sigma_a} \tag{3-14}$$

式中：M——工作盘轴上所需弯曲力矩（N·m）；

k——材料相对强度系数；

d——钢筋直径（mm）；

R——钢筋中心层弯曲半径（mm），一般取 1.25～1.75mm；

ϕ_2——钢筋抗弯截面系数，一般取 $0.1d^3$；

σ_a——材料的屈服点（N/mm²）。

钢筋弯曲机数量的计算公式与钢筋切断机相同。值得注意的是，根据现场施工经验，当制梁场规模在 500 榀以上，日生产箱梁 2 榀时，钢筋弯曲机配备 10～12 台；当梁场规模在 500 榀以下，日生产箱梁 2 榀以下时，配备数量可斟减。

（3）调直切断机

根据现场施工经验，调直切断机一般在箱梁制梁场配备 2 台。当生产能力不足时，可采用 3t 卷扬机进行拉伸。

（4）对焊机

根据现场施工经验，钢筋对焊机配备根据箱梁制梁场标尺长短决定，一般情况配备 2 台。

（5）电焊机

钢筋电焊机按钢筋焊接量实际配备，通常在日生产箱梁 2 榀的制梁场内配 10 台电焊机（其中 2～3 台为直流）。

4）起重设备

（1）用于钢筋装卸的起重机配备一般不少于 2 台。

（2）用于吊装钢筋笼骨架、侧模、端摸、布料机的起重机，当梁场规模在 500 榀以上时可配备 4 台，500 榀以下时配备 3 台。

（3）用于场区零星货物装卸的起重机一般配备 1～2 台。

（4）用于场区箱梁支座安装及小型零杂货物安装、搬运的叉车一般配备 1～2 台。

5）预应力设备

（1）当制梁场规模在 500 榀以上时，可配备 10 台套张拉千斤顶、高压油泵站。

（2）当制梁场规模在 500 榀以下时，可配备 6～8 台套张拉千斤顶、高压油泵站。

6）压浆设备

（1）当制梁场规模在 500 榀以上时，可配备灌浆机、真空泵、砂浆搅拌机或压浆台车 2～3 套。

（2）当制梁场规模在 500 榀以下时，可配备灌浆机、真空泵、砂浆搅拌机或压浆台车 2 套。

7）搬运设备

（1）当采用搬运机时，制梁场通常配备 1 台轮式或轨行式搬运机。

（2）当采用转运台车，制梁场规模在 500 榀以上时配置 3～4 台；制梁场规模在 500 榀以下时配置 2～3 台。

3.2.3　其他设备计算

（1）变压器

变压器总容量可按下式计算：

$$P_t = \frac{\sum P_{tn} K_4}{\cos \varphi} \tag{3-15}$$

式中：P_t——变压器总容量（kW）；

$\sum P_{tn}$——制梁场用电设备总功率（kW）；

K_4——时间利用率，一般取 0.6～0.8；

$\cos \varphi$——功率因数，一般取 0.8。

值得注意的是，当变压器总容量确定后，需按生产区域设置多台变压器，其中多台变压器容量之和大于变压器总容量的 10%～20%。

（2）备用发电机

备用发电机容量可按下式计算：

$$P_g = \frac{\sum P_{gn} K_4}{\cos \varphi} \tag{3-16}$$

式中：P_g——发电机总容量（kW）；

$\sum P_{gn}$——混凝土生产线（拌和站、输送泵、布料机、混凝土振动器等）设备总功率（kW）；

K_4——时间利用率，一般取 0.9；

$\cos\varphi$——功率因数，一般取 0.853。

3.3 台座设计

根据结构形式的不同，预制台座可分为墩式、槽式、构架式、掩埋式和框架式五类，其中墩式台座目前应用最为广泛。

墩式台座主要由台座、台座外伸部分、台面和横梁等组成，其构造通常采用台座、台座外伸部分、台面共同受力形式，依靠自重平衡张拉力来减少台座的自重和埋深。

墩式台座长度和宽度主要由预制构件的类型和产量等因素确定，一般长度取 50～150m，宽度需根据实际梁宽确定，一般不大于 2m。台座张拉力一般为 1000～2000kN，适用于生产中小型构件或多层重叠浇筑的预应力混凝土构件。

3.3.1 台座尺寸

台座长度应根据场地条件、生产规模及构件尺寸确定，一般最长取 65m，可按式(3-17)进行计算：

$$L = ln + (n-1) \times 0.25 + 2K_5 \tag{3-17}$$

式中：L——台座长度（m）；

l——构件长度（m）；

n——一条生产线内生产的构件数（根）；

K_5——台座横梁到第一根构件端头的距离，一般取 1.25～1.50m。

3.3.2 稳定性验算

本节分别从抗倾覆和抗滑移两个角度进行验算。

（1）抗倾覆验算

抗倾覆验算简图如图 3-1 所示。

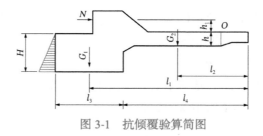

图 3-1　抗倾覆验算简图

抗倾覆力矩：

$$M_r = G_1 l_1 + G_2 l_2 \tag{3-18}$$

倾覆力矩：

$$M_{DV} = N h_1 \tag{3-19}$$

抗倾覆安全系数 K_6 需要满足以下要求：

$$K_6 = \frac{M_r}{M_{DV}} = \frac{G_1 l_1 + G_2 l_2}{N h_1} \geqslant 1.5 \tag{3-20}$$

式中：N——台面的抗滑移力（kN）；

　　　G_1——台墩自重（kN）；

　　　G_2——台墩外伸台面加厚部分的自重（kN）；

　　　h_1——台座板厚度（m）。

（2）抗滑移验算

抗滑移验算简图如图 3-2 所示。

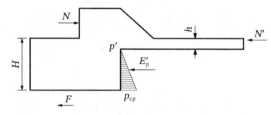

图 3-2　抗滑移验算简图

台座的滑移能力：

$$N_1 = N' + F + E_p' \tag{3-21}$$

其中：

$$F = \mu(G_1 + G_2) \tag{3-22}$$

$$E_p' = \frac{(p_{cp} + p')(H - h)B}{2} \tag{3-23}$$

$$p_{cp} = \gamma h \tan^2\left(45° + \frac{\varphi}{2}\right) - \gamma H \tan^2\left(45° - \frac{\varphi}{2}\right) \tag{3-24}$$

$$p' = \frac{h p_{cp}}{H} \tag{3-25}$$

式中：N'——台面抵抗力（N）；

　　　E_p'——台面右侧面的被动土压力的合力（N）；

　　　F——台墩与台座底面产生的摩阻力（N）；

　　　γ——土的重度（kN/m³）；

　　　φ——内摩擦角（°）；

　　　B——台座宽度（m）；

　　　μ——摩擦系数；

　　　H——台座的埋设深度（m）。

当作用于台座上的滑动力为 N 时，则抗滑移安全系数 K_6 应满足以下条件：

$$K_6 = \frac{N_1}{N} = \frac{N' + F + E_p'}{N} \geqslant 1.3 \tag{3-26}$$

3.3.3 强度验算

（1）台座外伸部分

台座外伸部分强度验算简图如图 3-3 所示。

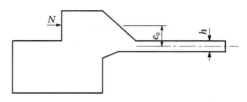

图 3-3　台座外伸部分强度验算简图

台座外伸部分按偏心受压构件计算，如为大偏心，则按式(3-27)～式(3-29)计算：

$$N \leqslant f_{\mathrm{cm}}b_x + f_y'A_g' - f_yA_g \tag{3-27}$$

或

$$N_e \leqslant f_{\mathrm{cm}}bx\left(h_0 - \frac{x}{2}\right) + f_y'A_g'(h_0 - a_g') \tag{3-28}$$

$$e = \eta e_1 + \frac{h}{2} - a \tag{3-29}$$

（2）牛腿的配筋设计

牛腿的配筋设计包括纵向受拉钢筋、斜截面强度和抗裂度验算，可参考《混凝土结构设计标准》（GB/T 50010—2010）进行验算。

（3）钢横梁计算

钢横梁按承受均布荷载的简支梁计算，其计算公式为：

$$M = \frac{1}{8}ql^2 \tag{3-30}$$

在求得 M 值后，可按式(3-31)验算或选用钢横梁：

$$W \geqslant \frac{M}{f} \tag{3-31}$$

此时，钢横梁的剪应力可按式(3-32)验算：

$$V = \frac{1}{2}ql \tag{3-32}$$

$$\tau = \frac{V}{A} \leqslant f_{\mathrm{v}} \tag{3-33}$$

钢横梁应有足够的刚度，以减少张拉预应力钢筋时的预应力损失，因此需按式(3-34)验算钢横梁的变形值：

$$\omega_{\max} = \frac{5ql^4}{384EI} \leqslant [\omega] = \frac{l}{400} \tag{3-34}$$

（4）台面

台面一般在夯实的碎石垫层上浇筑，由厚度为 6～10cm 的混凝土浇筑而成，其水平承载力 P_c 可按式(3-35)计算：

$$P_c = \frac{\varphi A f_c}{K_7 K_8} \tag{3-35}$$

式中：φ——轴心受压时台面的纵向弯曲系数，一般取 1；

　　　A——台面的截面面积（mm^2）；

　　　f_c——混凝土轴心抗压强度设计值（MPa）；

　　　K_7——超载系数，一般取 1.25；

　　　K_8——考虑台面截面不均匀和其他因素影响时的附加安全系数，一般取 1.5。

3.4　节段预制施工

3.4.1　总体施工流程

节段预制施工工艺一般如图 3-4 所示。

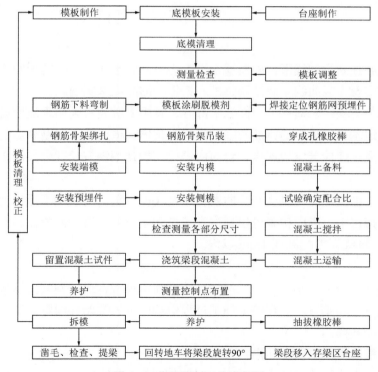

图 3-4　节段预制工艺流程图

3.4.2　模板工程

目前箱梁节段的预制方式主要有长线法和短线法两种，因此模板也包括长线模板和短线模板两大类。

1）长线模板

长线模板一般由底模、端模、侧模、内模等组成，需根据梁体结构对模板进行整体设计，如图 3-5 所示。

图 3-5　长线模板

（1）模板设计

①底模

为较好控制预制梁的线形，底模通常设置为可调固定式。底模的平曲线通过调整底模板外缘长度来实现，竖曲线则通过调整模底钢垫块的高度来实现。

底模一般分为支墩、横梁、台面三个部分，其中支墩通常采用现浇钢筋混凝土的方式建造，并通过地基预埋伸出的钢筋与基础浇筑为整体；横梁常采用型钢焊制，并放在高度调节装置上，通过螺栓与压板连接；台面由钢板和加劲型钢按长度分段制作，并与横梁焊接在一起。

底模在安装前需设有预拱度和竖曲线，通过底模台车上的油压千斤顶使其轴线与测量基线重合，保持水平，纵向位置可以通过卷扬机和手拉葫芦进行调整，相对高程误差控制在 2mm 以内，轴线误差控制在 1mm 以内。

②端模

每个台座都要配备一套端模，支撑架与端模固定连接，通过调整支撑架之间的螺杆来调整端模的水平度和垂直度。在整个施工过程中端模位置要始终固定不变，始终作为下一个新节段一端的端模。

在支立端模时需注意以下几点：

a. 模面与待浇节段的中轴线成 90°，且其竖向与水平面垂直。

b. 确保端模顶面高程一致，使顶面线始终处于水平状态。

③侧模

侧模及侧模支架一般按照节段梁标准长度进行设计，通过调节侧模与端模及匹配梁段的相应位置来调整梁段长度。当侧模通过支架上的可调支撑杆调整到位后，再利用对拉螺杆对顶部和底部进行对拉。在此基础上，通过预埋螺栓将侧模支架与预制台座进行连接，并对螺栓与支架进行焊接固定。

侧模在安装过程中需注意以下几点：

a. 预制台座上的预埋件要与侧模支架连接牢固，并用环氧砂浆灌满缝隙。

b. 侧模与侧模支架铰接位置应无缝隙，且为防止侧模滑移，需拧紧限位板螺栓。

c. 侧模圆弧段与底模的连接要求过渡平顺，接缝严密。

d. 顶升侧模时，首先贴紧上倒角与匹配梁及固定端模相应位置，再穿铰接销和限位板，平稳顶升侧模。

e. 侧模调整完毕后，需要重新测量匹配梁与固定端模间的相对位置，再进行下道工序。同时检查侧模与底模之间、侧模与端模之间、底模接缝之间、底模与匹配梁之间的缝隙宽度是否满足要求，确认满足要求后将其用胶密封。

④内模

内模一般根据各节段预制的实际需求进行组合，主要包括标准块和异型块。内模主要由内模顶板、内模侧顶板、内模上角板、内模腹板、内模下角板组成，各模板之间采用螺栓连接。

在施工中，先将内模移入钢筋骨架内，此时内模为收拢状态。然后，利用液压系统将内模展开形成梁体内模，再调节可调撑杆支撑到位，并固定内模。最后，顶升内模的顶板，并密切注意端模与内模的接触情况，掌控好顶升的幅度，避免内模顶升过多导致端模的变形。

（2）模板安装

①准备工作

模板投入使用前须打磨、除锈，并涂刷具有优良性能的脱模剂。所选用的脱模剂必须使混凝土表面光洁度达到标准要求，并得到监理工程师同意后方可使用。

②安装标准

模板安装应符合表3-2的要求。

模板安装允许误差

表 3-2

序号	检查项目	允许误差（mm）	检查方法
1	截面尺寸	±5	—
2	底模平整度	≤2	100cm 水平尺量
3	模板高度	±5	尺量
4	底板、顶板厚度	+10，0	—
5	上缘内外偏离设计位置	+10，−5	尺量
6	模板垂直度	±3（每米）	经纬仪定中线测量
7	腹板厚度	±5	—
8	相邻板面高差	1	—

③安装步骤

底模安装前要先进行预拼，待各项指标检验合格后方可投入使用。当底模精确就位后，开始安装外侧模，进行梁体钢筋骨架的吊放及验收，最后安装内模及端模。主要安装步骤如下：

a. 内模顺滑道滑移至梁体内就位。

b. 顶升内模并调整其位置及高程。

c. 安装端模。

d. 安装侧模。

e. 安装侧模的拉杆，并进行加固。

f. 安装其他附属构件的模板。

2）短线模板

短线模板通常根据节段梁长度、种类以及数量等进行设计，主要包括侧模、底模、端模、三维台车、内模和液压系统六个部分，如图3-6所示。

（1）模板设计

①侧模

侧模总体布置如图3-7所示。

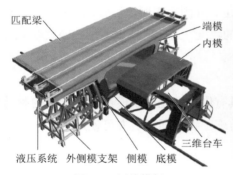

图 3-6　短线模板　　　　　　图 3-7　侧模实拍图

侧模设计的原则包括以下几点：

a. 侧模应包住底模。

b. 侧模转点应设在底模下方，以便模板旋转脱模。

c. 侧模肋间挠度应控制在1/500以内，翼缘挡板处变形应控制在3mm内。

d. 侧模应与端模垂直。

e. 侧模应向匹配梁段方向延长15cm，以包住匹配梁段，防止漏浆。

侧模主要承受以下几种荷载：

a. 浇筑时混凝土的自重。

b. 浇筑时的施工荷载。

c. 混凝土侧压力。

d. 混凝土振捣力。

②内模

内模总体布置如图 3-8 所示。

图 3-8　内模实拍图

内模设计的原则包括以下几点：

a. 内模设计分块要合理可行，有利于模板的安装及拆除。

b. 内模常分为 5 块，其中顶板 1 块，侧板 4 块。

c. 内模板肋间挠度应控制在 1/500 以内。

d. 内模滑移梁浇筑时变形应控制在 2mm 内。

e. 内模应向匹配梁段方向延长 15cm，以包住匹配梁段，防止漏浆。

内模的计算与侧模类似，只需要增加台车携带模板走行时的稳定计算即可，此处不再赘述。

③底模

通常在台座上直接铺设钢板，作为底模来浇筑梁段，由于钢板具有较高的强度和稳定性，能够有效承受梁段的重量。

底模计算时通常考虑以下两种工况：

a. 运梁工况，节段梁重量通过底模传递给台车。

b. 制梁工况，节段梁重量通过底模传递给支撑架，并最终传递给制梁台座。

④端模

端模总体布置如图 3-9 所示。

端模的设计原则包括以下几点：

a. 端模应具有较大刚度，且平整光滑，安装时需与大地垂直。

b. 端模上的剪力键应固定，预应力孔道开孔应准确，并做好堵缝工作。

c. 端模支架变形应控制在 0.2mm 以内。

d. 端模肋间挠度应控制在 1/800 以内。

端模的计算主要是刚度控制，需要控制模板固定支架变形，其计算模式如图 3-10 所示。

图 3-9　端模实拍图　　　　　图 3-10　端模计算简图

（2）模板安装

①准备工作

短线模板投入使用前的准备工作与长线模板相同。

②安装标准

短线模板的安装标准与长线模板相同。

③安装步骤

由于端模的位置是固定的，每次模板安装时，需测量校核其平面位置、水平度及垂直度。墩顶块和每跨起始梁段预制时，两端均需端模（固定端模和移动端模），其他梁段的端模为固定端模和匹配梁段的端面。主要安装步骤如下：

a. 安装端模。

b. 安装底模及台车。

c. 安装侧模。

d. 吊入钢筋骨架。

e. 安装内模。

f. 模板连接及加固。

g. 安装其他附属构件的模板。

3.4.3　钢筋工程

1）进场检验

进场的钢筋应附有出厂质量证明书或试验报告单，每一捆钢筋应有标牌，并按有关规定抽取进行性能试验，合格后方可使用。

经检验合格的钢筋在加工和安装过程中出现异常现象时（如脆断、焊接性能不良等），应进行化学成分分析。

2）运输、存储

进场的钢筋应按牌号、规格、厂名、级别等分批堆置在仓库（棚）。当在仓库（棚）外存放时，应使钢筋远离地面，且设置防雨淋、防污染等措施。

钢筋在运输、储存过程中应避免锈蚀、污染和压弯。装卸钢筋时，不得从高处抛掷。

同时钢筋在使用过程中，应遵循随开捆随使用原则，做好开捆钢筋的防护工作。

3）钢筋配料

钢筋配料指根据所建设桥梁的配筋图，分别计算钢筋的下料长度和根数，并填写配料单。此外，钢筋因弯曲式弯钩会使其长度变化，在配料中不能直接根据图纸中尺寸下料，必须了解对混凝土保护层、钢筋弯曲、弯钩等规定，再根据图中尺寸计算下料长度。

直钢筋下料长度可按式(3-36)计算：

$$a = a_1 \tag{3-36}$$

弯起钢筋下料长度可按式(3-37)计算：

$$b = b_1 + b_2 - b_3 + b_4 \tag{3-37}$$

箍筋下料长度可按式(3-38)计算：

$$c = c_1 + c_2 \tag{3-38}$$

上述式中：a——直钢筋的下料长度（m）；

$\quad a_1$——设计图纸的标示长度（m）；

$\quad b$——弯起钢筋的下料长度（m）；

$\quad b_1$——弯起钢筋的直段长度（m）；

$\quad b_2$——弯起钢筋的斜段长度（m）；

$\quad b_3$——弯起钢筋的弯曲调整值（m）；

$\quad b_4$——弯起钢筋的弯钩增加长度（m）；

$\quad c$——箍筋的下料长度（m）；

$\quad c_1$——箍筋的周长（m）；

$\quad c_2$——箍筋的调整值（m）。

值得注意的是，当上述钢筋需要搭接时，长度计算时还应增加钢筋的搭接长度。

4）钢筋绑扎

钢筋应在专用的钢筋绑扎台座上绑扎成型。

钢筋绑扎顺序：底板底层钢筋→腹板箍筋→安装底板波纹管、底板钢筋骨架吊环和底板预埋管件定位架（有底齿板的绑扎底齿板钢筋）→底板顶层、顶板底层钢筋→安装顶板波纹管、顶板钢筋骨架吊环和顶板预埋管件定位架→顶板顶层钢筋（顶齿板钢筋）→横向预应力穿束。此外，钢筋的安装偏差应符合表 3-3 的规定。

钢筋安装允许偏差　　　　　　　　　　　　　　　　　　　　　　　　表 3-3

序号	检查项目		规定值或允许偏差（mm）	检查方法
1	受力筋间距		±10	每个构件检查 2 个断面，用尺量
2	箍筋横向水平钢筋间距		±20	每个构件检查 5～10 个间距，用尺量
3	钢筋骨架尺寸	长	±10	按骨架总数抽查 30%，用尺量
		高、宽或直径	±5	
4	弯起钢筋位置		±20	每个骨架抽查 30%，用尺量
5	保护层厚度	梁	±5	每个构件沿模板周边检查 8 处，用尺量

5）钢筋骨架吊装入模

钢筋骨架在胎具上绑扎成型后，需先在底模上标出中线或梁端线，并据此控制钢筋骨架的纵向安装位置，待钢筋骨架在底模就位后，检查钢筋骨架的纵向中心是否与底模纵向中心线重合，否则应局部调整，使两线中心重合。

钢筋骨架通常采用横吊梁（铁扁担）进行四点起吊。为防止吊点处绑线脱落、钢筋变形等，应对吊点附近的钢筋绑扎点进行加强，如点焊连接、增加绑线根数并加入短钢筋等。钢筋骨架通常采用多点平衡起吊，吊具常采用型钢特制的吊架，如图 3-11 所示。其主要吊装步骤如下：

（1）起吊前，利用门式起重机将吊具吊放至钢筋骨架顶面，并将吊架的吊点与钢筋骨架的吊点对齐。

（2）由起重工挂好吊绳，并调节吊绳长度，使得各吊点受力均匀。

（3）将钢筋骨架吊离绑扎台座 10cm，起重工检查各吊点吊绳受力是否均匀，如不均匀，则需调整至受力均匀后方可继续起吊。

（4）钢筋骨架吊离绑扎台座 1m 左右时，应抽出顶板倒角处的支承型钢，提升至顶板支承型钢时，应抽出顶板支承型钢，再继续提升直至将钢筋骨架吊离钢筋绑扎台座。

（5）钢筋骨架吊运到预制台座上方时，应慢速下放至距离匹配梁顶 20cm 左右，再由起重人员指挥门式起重机使钢筋骨架纵、横向中轴线与模板相应轴线大致对齐。

（6）钢筋骨架下放至距底模约 10cm 时，由操作人员调整各边保护层直至满足要求，再将钢筋骨架下放到位。

（7）钢筋骨架下放到位后，钢筋工再次检查两侧腹板保护层是否满足要求，如不满足要求，需将钢筋骨架提起约 10cm 重新调整后再下放，直至保护层厚度满足验收标准。

a) 钢筋骨架吊装　　　　　　　　　　　　　b) 钢筋骨架入模

图 3-11　钢筋骨架吊装入模示意图

6）波纹管安装及定位

梁内波纹管一般采用定位钢筋定位，固定端模处用特制的堵头通过螺栓固定在固定端模上，匹配面处则通过在波纹管内穿入外径比波纹管内径小 3～5mm 的三丙聚丙烯（PPR）管（长约 30cm）定位。堵头在钢筋骨架吊装入模前在钢筋绑扎台座上安装好，并用密封胶带密封，如图 3-12 所示。

图 3-12　波纹管堵头安装

值得注意的是，在施工时应特别注意焊接波纹管定位钢筋时避免损坏塑料波纹管，定位筋焊接完成后作业人员必须仔细检查波纹管有无损伤，有损伤的立即用密封胶带密封。

7）预埋件的定位施工

梁体预埋件主要包括：墩顶块临时锚固预埋件、支座锚栓孔预埋件、临时预应力钢齿坎预埋件、体外束限位装置预埋钢板、临时吊点预埋件、人孔预埋件、通气孔预埋件等。

预埋件在钢筋绑扎台座上按设计位置布置，但不焊接固定。待钢筋骨架吊装入模后再以模板中轴线和固定端模为基准重新放样并精确定位。当预埋件位置与波纹管位置发生冲突时，需适当移动预埋件以保证预应力束线形与设计吻合（如有外露钢板则将钢板尺寸适当加大）。

外露钢板预埋件应保证钢板与模板紧贴，以保证箱梁外观质量，模板拆除后及时进行防腐处理。预埋管按设计尺寸下料后在管内充填砂以防混凝土浇筑过程中变形，安装预埋管时应确保底口与模板贴紧，拆模后从下方先将管口水泥浆清理干净再从上方清除管内填充砂，不得采用从上方强力冲击管内砂的方法清理预埋管以免造成管口下方混凝土缺损。由于箱梁节段预埋件种类繁杂、数量众多，在施工前应编制箱梁节段预埋件一览表，明确各个节段需要埋设的预埋件及位置，将其张贴于钢筋绑扎区和预制台座内，便于随时检查和核对。混凝土浇筑前必须仔细检查预埋件种类及位置是否正确，避免预埋件漏埋或错埋。

（1）伸缩缝预埋筋

伸缩缝槽口需预埋伸缩缝装置的锚固钢筋，预埋前与伸缩缝厂家取得联系，把预埋锚固筋的施工图交给施工方，施工方按图纸施工。

（2）预埋起重机定位连接件

根据桥面起重机及施工荷载安排进行起重机设计，在梁体顶板上设起重机连接锚固预留孔或预埋精扎螺纹钢筋，设置位置应结合每片梁的梁长及起重机具体尺寸来定，预留孔的偏差允许值为 ±10mm。

（3）临时吊点预埋钢板

每片梁的顶板与腹板连接处的外侧需预埋钢垫板，每块钢垫板中间设孔一个，钢板的固定是通过连接钢筋与梁体钢筋相连，并且保证混凝土振捣过程中钢垫板不挪位。

（4）体外束预埋管及体外索防震定位预埋件

体外束在通过转向块和横隔墙时需在上述部位预埋无缝钢管。根据箱梁纵向体外预应力钢束布置图和每个转向块中心剖面图、横隔墙两端剖面图，把每一束钢绞线通过转向块和横隔墙的图用 AutoCAD 画出来，钢束呈直线时直接量出钢束通过转向块（或横隔墙）时相对于底板的高度。

当体外束通过转向块呈折线布置时，折线的交点即为转向块顺桥向的中点，用 AutoCAD 倒圆角（最小回旋半径 4m）量出体外束通过转向块侧和侧相对于底板的高度，体外束钢管预埋时根据每束钢绞线通过梁段转向块的侧、中心处、侧的三个相对于底板的高度尺寸，并结合该转向块的剖面（横截面）尺寸进行定位。

无缝钢管进料前应结合箱梁纵向体外预应力布置图算出转向块、横隔墙上需预埋无缝钢管（分直管、曲管）的具体数量，以便进料时控制。体外束钢管设定位筋固定于转向块上，保证混凝土振捣时不挪位，每个转向块（横隔墙）上共需预埋 10 根无缝钢管（含预留孔）。固齿板中预埋管，体外束的防震定位装置设顶板、腹板、底板上，设计要求顺桥向 4～5m 设置一件，定位装置的预埋件应在箱梁预制时注意预埋，进场时跟厂家取得联系，请厂家派出专业技术人员指导施工。

（5）调坡垫块预埋支座（锚栓孔）钢板

通过梁底的调坡垫块来调整线路的纵坡，顺桥向调坡垫块中心处的厚度为 5cm，其两端厚度因梁段所在位置的不同而有所差异，调坡垫块与梁体混凝土一起施工，调坡垫块上应预留支座锚栓孔，每个支座设置四个锚栓孔，预留孔的位置、孔径深度参考厂家支座图。

（6）梁段接缝处拉杆预埋件

梁体接缝拉杆预埋件分无转向块梁段、有转向块梁段、墩顶梁段三种情况。无转向块梁段每片梁设 6 个钢锚件，由于钢锚件在梁体混凝土施工时不方便预埋，可在顶、底板相应位置预留孔或预埋连接板，待箱梁模拆除后，梁体拼装前进行安装。有转向块梁段每片梁段设 4 个钢锚件，分别布置在左上、右上 2 个及箱梁部 2 个，其施工方法同无转向块梁段，箱梁体转向块下部不需预埋钢锚件，只需在转向块预埋聚氯乙烯（PVC）管。

8）预留孔施工

（1）疏淤预留孔

疏淤预留孔位于顶板上，预留孔的平面位置按梁段类型即各系列预制梁段一般构造图进行预埋，施工时设 PVC 管固定于梁体顶板钢筋之上即可。

（2）临时吊点预留孔

临时吊点预留孔每片梁 8 个，各种类型梁段具体参照预制梁段临时吊点布置及构造图进行预埋。

（3）支座墩临时锚固预留孔

0 号块安装精度一般要求较高，梁体预埋无缝钢管精度更高，施工时采用先在钢板上放样设孔，制作钢板套模，将无缝钢管放入钢板套模，无缝钢管采用钢筋定位骨架固定于箱梁模板上，并保证混凝土施工时钢管不产生移位变形。预埋钢管的尺寸允许误差为

±5mm，垂直度允许误差为 ±10mm。

若梁体钢筋、体外预应力管道与无缝钢管位置发生冲突时，无缝钢管在梁体相对尺寸不可挪位，可通过移动其他物体位置来调整，因为下部构造是严格按变更后图纸施工的，只有上、下部同时按一个标准施工才能保证 0 号块顺利就位，另外也可以与下部构造施工单位一起把已施工完的墩的纵、横轴线弹出，量出每个墩预埋钢管相对于纵、横轴线的尺寸，按此尺寸指导箱梁预埋无缝钢管的施工。

（4）横隔墙预留天窗

因墩顶混凝土采用现浇法施工，为保证现浇时混凝土能顺利浇筑，在墩顶梁段施工时，顶板上设天窗，天窗相对梁段顶板的平面位置因梁段类型不同而不同，天窗四周混凝土进行凿毛，待横隔墙混凝土施工后将其封闭。

（5）合龙定位骨架预留孔

合龙定位骨架预留孔位于每个合龙块及其相邻两侧梁段上。预留孔在每片梁顶板、底板各设置 8 个，施工时预埋 PVC 管。合龙定位骨架预留孔的精度要求较高，若误差较大，合龙时定位骨架无法安装就位，具体平面尺寸参照合龙定位骨架图施工，尺寸允许误差为 ±10mm。

（6）通气孔

在结构两侧腹板上设置直径为 100mm 的通风孔，通风孔除端头段外每个节段每侧中部设置 2 处，竖向分布，距梁底距离 203cm，两个通风口竖向间距 200cm。若通风孔与预应力筋相碰，应适当移动通风孔位置，并保证与预应力筋管道的净保护层大于 1 倍预应力管道直径，在通风孔处还应增设直径 180mm 的螺旋筋，螺旋筋采用 ϕ10mm 钢筋，螺距 100mm。

（7）排水孔

排水孔位于梁段底板上，每片梁 4 个，分布规律为墩顶两侧的（侧、侧）梁段底板上，具体布置为以每片箱梁纵、横轴线交点为中心，沿箱梁横轴线往左、右每 50cm 一个孔，左、右各安放 2 根 PVC 管，PVC 管埋设于底板钢筋中，并固定好即可。

（8）泄水管预留孔

泄水管预留孔位于梁段底板上，每片梁上 1 个。泄水管预留孔的具体布置为自每片箱梁的纵轴线往左（右）测量 150cm，定出一条线，然后自箱梁一侧为起点往上量 120cm 定出一条线，两条线的交点为泄水孔的中心，埋设方法同排水孔。

（9）泄水槽预留孔

泄水槽预留孔位于箱梁左（右）侧边缘的中心上，施工时在梁体制作方形木盒来形成泄水槽。泄水槽与梁翼板中的泄水管预留孔相连。

（10）泄水管预留孔

泄水管预留孔与泄水槽预留孔呈一一对应布置关系，即有泄水槽预留孔的梁段就有泄水管预留孔，泄水管预留孔位于梁段翼板之中，施工时需在梁顶板钢筋预留 PVC 管。PVC 管与泄水槽木盒接头处在木盒的木板上设孔，PVC 管伸入木盒，为防止混凝土振捣时造成 PVC 管破裂及 PVC 管在混凝土中上浮，可在 PVC 管中填细砂，两端用麻絮塞紧。

（11）灯柱管线预留孔

灯柱管线预留孔位于箱梁左（右）侧翼板之中，灯柱管线预留孔沿线路方向每10块梁段设一个，为防止混凝土振捣时造成PVC管破裂及PVC管在混凝土中上浮，可在PVC管中填细砂，两端用麻絮塞紧。

（12）转向块上接缝处拉杆预留孔

设转向块梁段的接缝拉杆通过在转向块下部设预留孔来实现，施工时结合梁段接缝处拉杆布置及构造图中详细尺寸在转向块下部进行预埋PVC管。由于不同梁段的腹板、底板厚度不同，为保证拉杆顺利穿过，在预埋相邻梁段的锚座预留孔时应进行拉杆试穿。

为防止PVC管破裂及移位，可采取同泄水管预留孔相似的填细砂的方法，但此孔预埋的精度要求较高，误差为±1cm。

（13）横隔墙上接缝拉杆预留孔

设横隔墙梁段上的接缝拉杆通过在横隔墙的上部及下部设预留孔来实现，横隔墙的混凝土采用现浇，梁体拼装就位后，预埋管（PVC管）同横隔墙的钢筋一道拌入梁体，注意事项同转向块上接缝处拉杆，不再赘述。

9）注意事项

（1）为保证钢筋骨架端面与中轴线垂直，在搭设台座时应在顶板和底板型钢上画一条与中轴线垂直的端线，并焊短钢筋作为标识。绑扎时所有纵向钢筋均以此为基准布置。

（2）为保证钢筋间距均匀，钢筋绑扎前应在台座上用油漆按设计间距画出钢筋位置，绑扎时严格按标识位置布置。

（3）钢筋绑扎时所有绑扎丝多余部分必须向内弯，不得超出钢筋骨架外表面。所有定位钢筋端部不得超出钢筋骨架外表面。

（4）钢筋绑扎与波纹管或预埋件等发生位置冲突时，应适当移动钢筋位置。

（5）骨架吊环应与底层钢筋焊接牢固，且吊点周围0.8m范围的钢筋骨架需焊接加固。

（6）严格控制钢筋焊接质量，不得出现咬边、夹渣、气孔等质量缺陷。

3.4.4　混凝土工程

1）原材料

预制梁体混凝土通常采用高强度水泥拌制，细集料采用级配良好的中砂，细度模数不小于2.6，含泥量应小于1.5%。配制高强度混凝土的粗集料应采用质地坚硬、级配良好的碎石。集料的抗压强度应比所配制的混凝土强度高50%以上。含泥量应小于1%。针片状颗粒含量应小于5%，集料最大粒径小于25mm。

此外，材料配合比应满足的条件为：水灰比小于0.55，坍落度120mm±20mm，水胶比（水与胶泥材料质量比）小于0.38。

2）施工准备

（1）节段梁混凝土施工前应做好施工组织安排，包括施工场地畅通、劳动力组织、材料准备、机具设备配备等，均应适应混凝土各工艺（拌和、运输、浇筑、振捣、养护）的要求。

（2）混凝土施工除正常使用的机具保持完好状态外，还应配置备用机具（应与使用机具的型号、品种相同），并配置备用发电机，确保混凝土的拌制与浇筑正常连续地进行。

（3）梁体混凝土配合比选定应满足混凝土强度等级与弹性模量的要求，开盘前应按中心试验室提供的配合比调整配料系统，并做好记录。

（4）混凝土拌制设备采用强制式搅拌机和自动计量上料系统，混凝土振捣以插入式振捣棒为主，附着式振动器为辅，确保具有足够的振动力。在混凝土施工前，混凝土抖动、振捣、运输设备要全面、认真地检查确认完好，并填写设备台账。

（5）混凝土施工的各种计量及检验设备必须定期检验，使其有连续的计量部门认证。混凝土浇筑前必须储备有充足的经检验合格的原材料，并视天气情况确定浇筑时间，避开雨天及炎热干燥天气。

（6）粗、细集料的含水率在每次混凝土浇筑前均应测定，如遇雨天应适当增加含水率测定次数，根据变化的含水率适时调整配合比。在混凝土浇筑前中心试验室应出具有效合理的施工配合比通知单。

3）混凝土拌制

（1）混凝土配合比应考虑强度、弹性模量、初凝时间、坍落度等因素，并通过试验来确定。

（2）混凝土通常采用拌和站拌制，拌和时应先按选定的理论配合比换算成施工配合比，并严格按照施工配合比进行配料和称量。要计算每盘混凝土实际需要的各种材料用量，投料拌和，并做好记录。

（3）混凝土原材料的投料顺序为碎石→砂→水泥→水→减水剂。

减水剂宜采用高效减水剂，减水率大于 20%，含气量大于 3%，使用前应进行与水泥的相容性试验。使用减水剂时应按产品说明书进行，减水剂可采用粉剂或溶剂型，采用粉剂时应在施工前 14～18h 预先配制成所需浓度的溶液，粉剂在溶液中要求全部溶解均匀，不得有沉淀或结块。为充分发挥减水剂的作用，在拌和时其溶液宜用后添加。

当采用溶剂型减水剂时，其含水量应计入拌和总用水量。

（4）在配制混凝土拌合物时，水、水泥、减水剂的用量准确到 +1%，粗、细集料的用量准确到 ±2%（均以质量计），混凝土拌合物中不得掺用加气剂和各种氯盐。混凝土在拌和过程中，应及时地进行混凝土有关性能（如坍落度、和易性、保水率）的试验与观察。

（5）混凝土的拌和时间以保证混凝土拌和均匀、颜色一致、性能良好为标准，每盘混凝土的搅拌时间宜为 120s。

（6）正常情况下，混凝土配料的计量设备应每月校验一次，在特殊情况下，若发现用水及混凝土坍落度严重反常，混凝土颜色突变和出现离析现象，或有其他情况等，均应停工及时检验。

4）混凝土运输、泵送

梁体混凝土应采用混凝土输送车运输，并且泵送混凝土连续灌注，箱体一次成型。泵送输送管路的起始水平段长度不小于 15m，除出口处采用软管外，输送管路其他部分使用钢铸管。输送管路固定牢固，且不得与模板或钢筋直接接触。泵送过程中，混凝土拌合物保持始终连续输送。高温或低温环境下输送管路采用湿帘或保温材料覆盖。

5）混凝土浇筑

混凝土浇筑之前对模板和支架、钢筋、预应力筋、波纹管、隔离剂涂刷进行检查验收，逐项检查合格方可浇筑混凝土。

节段箱梁混凝土浇筑时，混凝土按一定厚度、顺序和方向分层浇筑，应从中间开始，向两端分层循序进行，混凝土浇筑须下料均匀，混凝土分层浇筑不得大于500mm。

混凝土振捣采用附着式和插入式振捣器相结合的方式，使用插入式振捣器时，振捣棒插入混凝土内，其移动间距要求小于30cm，循序渐进，不得漏浆，振捣棒应避免碰撞钢筋、模板及混凝土剪力键；使用附着式振捣器时，应符合相应技术条件。梁体必须振捣到混凝土密实为止。混凝土密实的标志是：混凝土停止下沉，不再冒气泡，表面呈现平坦、泛浆。混凝土振捣过程中严禁向混凝土随意加水。混凝土从泵送到浇筑完成，全部时间不得超过180min。

节段箱梁梁体混凝土浇筑完毕后，对顶板混凝土表面进行抹面，保证防水层基面平整。并设立明显的原始数据标识、标记，拆模平移、吊运后，再次检测原控制标识、标记的实际变形和恢复情况。

6）管道抽拔

波纹管内的橡胶棒成孔抽拔的时间：夏季为2～3h，冬季为4～6h（时间从混凝土浇筑结束开始计时），混凝土强度以2～3kPa为宜。

抽拔胶管的顺序：先灌注混凝土的部位先抽拔胶管。一般情况下，先抽拔腹板底部的胶管，然后抽拔底板的胶管，最后抽拔腹板中上部的胶管。

抽拔胶管前，不但要根据浇筑后的时间、气温、混凝土表面温度及混凝土凝结程度来判断抽拔时间，而且要根据抽拔出的胶管表面混凝土和抽拔后的孔道判断抽拔时间是否正确。如胶管表面还有少量稀浆，则说明抽拔过早；如胶管拔出后很快发白，则说明过晚；如孔道混凝土毛糙，且强度不高，说明抽拔过早。

7）梁段养护

预制梁养护是节段梁预制一个非常关键的环节，确保预制梁养护到位是保证成桥质量的关键，主要包括以下几种养护方式：

（1）洒水养护

在每个制梁台座、养护台座、存梁台座上安设水龙头，水龙头采用细雾式喷头，喷头高低根据梁体面设置，以便出水量均匀，较小。在混凝土养护过程中能够一直保持开着状态，以保证混凝土节段梁的始终湿润。制梁台座处的喷头也能对侧模及内模板进行洒水降温，保证混凝土入模温度。

（2）土工布覆盖

在混凝土浇筑完成后，强度达到初凝状态后在节段梁顶板面、内箱底面用土工布进行覆盖，养护水浇在土工布上，以更好地防止水分蒸发及养护水直接冲击混凝土面。

（3）蒸汽养护

为加快构件早期强度或在冬季施工时，混凝土在拆模前可进行蒸汽养护，在制梁区附近设置蒸汽锅炉，管线布设到每个制梁台座处，保证蒸汽能够通到每个制梁台座；蒸汽养护主要在拆模前进行，蒸汽养护分为静停、升温、恒温、降温四个阶段；静停期间保持棚温不低于 5℃，浇筑完混凝土后 4h 后升温，升温速度不大于 10℃/h，恒温时梁体内部温度不超过 60℃。撤除保温设施时，梁体混凝土内部与表层、表层与环境温差均不超过 15℃。

8）缺陷与防治

（1）缺陷分类

①麻面

梁体表面上呈现无数的小凹点，而无钢筋暴露现象。这种缺陷产生的原因一般是模板不严密，捣固时发生漏浆，或振捣不足，气泡未排出，以及捣固后没有很好养护。

②露筋

露筋是钢筋暴露在混凝土外面。这种缺陷产生原因主要是浇筑时垫块移位，钢筋紧贴模板，以致混凝土保护层厚度不够。有时也因保护层的混凝土振捣不密实造成掉角而露筋。

③蜂窝

梁体中形成蜂窝状的窟窿，集料间有空隙存在。这种缺陷产生的原因主要是材料配合比不准确（浆少、石多）或搅拌不匀，造成砂浆与石子分离，或浇筑方法不当，或捣固不足及模板严重漏浆等。

④孔洞

孔洞是指混凝土结构存在着空隙，局部或全部没有混凝土。这种缺陷产生原因主要是混凝土捣空，砂浆严重分离，石子成堆，砂和水泥分离。另外，混凝土受冻及混杂物掺入等，都会形成孔洞事故。

⑤缝隙及夹层

缝隙和夹层可将梁分隔成几个不相连接的部分。这种缺陷产生原因主要是存在温度缝和收缩缝，以及混凝土有外来杂物而造成的夹层。

⑥缺棱掉角

缺棱掉角是指直角边上的混凝土局部残损掉落。这种缺陷产生原因主要是拆模操作不当或隔离剂涂刷不匀；拆模过早或拆模后保护不好造成棱角损坏。

⑦干缩裂缝

干缩裂缝为表面性的，宽度多在 0.05～0.2mm 之间，其走向没有规律性。这类裂缝一般在混凝土经一段时间的露天养护后，在表面或侧面出现，并随温度和温度变化而逐渐发展。干缩裂缝产生的原因主要是混凝土成型后养护不当，表面水分散失过快，造成混凝土外的不均匀收缩，引起混凝土表面开裂。除此之外，梁体在露天存放，混凝土外材质不均匀和采用含量大的粉细砂配制混凝土，都容易出现干缩裂缝。

⑧温度裂缝

温度裂缝多发生在施工期间，裂缝的宽度受温度影响较大，冬季较宽、夏季较窄。裂缝的走向无规律性，深进和贯穿的温度裂缝对混凝土有很大的破坏，这类裂缝的宽度一般在 0.5mm 以下。温度裂缝是由于混凝土内部和表面温度相差较大而引起。深进和贯穿的温度裂缝多由于结构降温过快，外温差过大，受到外界的约束而出现裂缝。另外，采用蒸汽养护时，混凝土降温控制不严，降温过快，使混凝土表面剧烈降温，而受到肋部或胎模的约束，导致表面或肋部出现裂缝。

（2）缺陷处理

缺陷的处理应在预应力施加前进行，并不得影响梁体寿命及使用性能。对缺陷严重的混凝土梁，修补完成后组织业主、监理单位进行验评，合格后方可出场。

①表面的修补

a. 混凝土表面修整时应对缺陷进行分级，并遵循相关标准（表3-4）。由于不良模板间相互错移而引起的表面高低错开称为突变不平整，可直接测量测定。由模板的凸出或其他原因而引起的不平整称为渐变不平整，由2m直尺测定。

混凝土表面修整等级及标准
表3-4

等级	修整类别	修整标准
F1	模板成型的表面，埋置结构	突变不平整，不超过30mm
F2	模板成型的表面，一般修整	突变不平整，不超过6mm 渐变不平整，不超过10mm
F3	模板成型的表面，高标准修整	突变不平整，不超过3mm 渐变不平整，不超过5mm
U1	不用模板成型的表面，埋置结构，用刮板修整	突变不平整，不允许 渐变不平整，不超过12mm
U2	不用模板成型的表面，一般修整	突变不平整，不允许 渐变不平整，不超过6mm

注：1. F1及F2类的表面修整，在拆模后除了对有缺陷混凝土进行修补及填充模板系杆所留孔穴外，无须再处理。仅当达不到最小厚度时，才校正表面凹陷。
2. 对于F3类的表面修整，混凝土拆模后应修整，使其具有均匀纹理及外观，亦即处于相邻模板缝之间表面这修整，要尽一切可能减少表面孔洞。水平及垂直施工缝应正确、平整。在模板接缝所留"突鳍"或类似不平整，应用金刚砂及水磨平。

b. 对数量不多的小蜂窝、麻面、露筋、露石的混凝土表面，修整方法主要是保护钢筋和混凝土不受侵蚀，可采用1:2.5～1:2水泥砂浆抹面修正。在抹砂浆前，须用钢丝刷或加压水清洗湿润，混凝土抹浆初凝后要加强养护工作。

②裂缝的修补

裂缝在修补时应将裂缝附近的混凝土表面凿毛，或沿裂缝方向凿成深为15～20mm、宽为100～200mm的V形凹槽，扫净并洒水湿润，先刷1层水泥净浆，然后用1:2～1:2.5水泥砂浆分2～3层涂抹，总厚度控制在10～20mm，并压实抹光。混凝土有防水要求时，应用水泥净浆（厚2mm）和1:2.5水泥砂浆（厚4～5mm）交替抹压4～5层刚性防水层，涂抹3～4h后，进行覆盖，洒水养护。

此外，在水泥砂浆中掺入水泥重量1%～3%的氯化铁防水剂，可起到促凝和提高防水性能的效果。为使砂浆与混凝土表面结合良好，抹光后的砂浆面应覆盖塑料薄膜，并用支撑模板顶紧加压。当表面裂缝较细，数量不多时，可将裂缝处加以冲洗，用水泥浆抹补。

③细石混凝土填补

a. 当蜂窝比较严重或露筋较深时，应除掉附近不密实的混凝土和突出的集料颗粒，用清水洗刷干净并充分湿润后，再用比原强度等级高一级的细石混凝土填补并仔细捣实。

b. 对孔洞事故的补强，可在旧混凝土表面采用处理施工缝的方法处理，保持湿润72h

后，用比原强度等级高一级的细石混凝土捣实。为了减少新旧混凝土间之孔隙，水灰比可控制在 0.5 以内，并掺水泥用量万分之一的铝粉，分层捣实，以免新旧混凝土接触面上出现裂缝。

④环氧树脂修补

当裂缝宽度在 0.1mm 以上时，可用环氧树脂灌浆修补。

a.环氧树脂胶泥修补

在抹环树脂氧胶泥前，先将裂缝附近 80～100mm 宽度范围的灰尘、浮渣用压缩空气吹净，油污可用二甲苯或丙酮擦洗一遍。如裂缝表面潮湿，应用喷灯烘烤干燥、预热，以确保环氧树脂胶泥与混凝土黏结良好。如基层难以干燥时，则用环氧树脂煤胶油胶泥（涂料）涂抹。较宽的裂缝应先用刮刀填塞环氧树脂胶泥。涂抹时，用毛刷回刮板均匀蘸取胶泥，并涂刮在裂缝表面。

b.环氧树脂玻璃布修补

采用环氧树脂玻璃布方法修补时，玻璃布使用前应在碱水中煮沸 30～60min，再用清水漂净并晾干，以除去油蜡，保证黏结。一般贴 1～2 层玻璃布，第二层的周边应比下面一层宽 10～20mm，以便压边。

⑤压浆法补强

对于不易清理的较深蜂窝，由于清理敲打会加大蜂窝的尺寸，使结构遭到更大的削弱，应采用压浆法补强。

（3）缺陷检查

主要检查混凝土结构的蜂窝、孔洞及不密实之处。用小铁锤仔细敲击，听其声音或做灌水检查以及采用压力水做试验，也可采用钻孔检查方法。

（4）缺陷清理

将易于脱落的混凝土清除，用水或压缩空气冲洗缝隙，或用钢丝刷仔细刷洗，务必把粉屑石渣清理干净，并保持潮湿。每个孔洞处要凿成斜形，避免有死角，以便浇筑混凝土（图 3-13）。

（5）埋管

管道用高于原设计强度等级一级的混凝土或用 1：2.5 水泥砂浆来固定，并养护 3d。为了埋管方便，先在凿好的

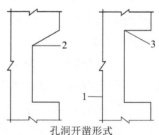

孔洞开凿形式

图 3-13　孔洞开凿形式

1-构建剖面；2-孔洞处凿成斜形；3-死角

孔洞之下的一小段，支上预先配好的模板，在浇筑新混凝土的同时埋管，管长视孔洞深度而定，一般伸出模外 8～10cm，管道最小埋深及管道四周覆盖的混凝土，皆不应小于 5cm，以免松动。其中每一灌浆处埋管两根，一根压浆，一根排气或排除积水。管道外端略高，向上倾斜 10°～12°，以免漏浆。埋管的距离视压力大小、蜂窝性质、裂缝大小及水灰比等而定，一般采用 50mm。

（6）水泥浆制作

为了符合操作的要求，水泥浆在制作时应先放水后放水泥，在放水泥的同时进行搅拌，搅拌时间为 2～3min。如灰浆中掺防水剂时，防水剂应先加入水中，后与水泥拌和，以求

混合均匀。

（7）压力灌浆

在补填的混凝土凝结 2d，即相当于强度达到 1.2～1.8MPa 后，用砂浆输送泵压浆。压力 6～8 个大气压，最小为 4 个。在第一次压浆初凝后，再用原埋入的管道进行第二次压浆，大部分都能压进不少水泥浆，且从排气管挤出清水。压浆完毕 2～3d 后割除管道，剩下的管道孔隙以砂浆填补。

3.5 质量与安全保证措施

3.5.1 质量保证措施

1）混凝土浇筑

（1）模板与上一梁段接头处应采用泡沫塑料条填塞，并在内、外模板之间利用拉杆拉紧。

（2）腹板及梁体下半部分混凝土下料时，必须在腹板上口两侧采用盖板盖住，避免污染模板。

（3）在支立模板、钢筋焊接以及安装过程中，应在底板最低处设置排污孔，且涂刷脱模剂后，及时封堵。

（4）混凝土应两侧对称浇筑，且最大浇筑高差不超过 0.6m，避免模板因偏载导致的变形。

（5）梁段混凝土浇筑时，需制作不少于 5 组的混凝土试件，其中三组与梁段同条件养护，并测试其拆模、顶移梁以及初张拉后的强度，另外 2 组采用标准养护，并测试其 7d、28d 的龄期强度。

（6）梁段预制时，为保证全标段梁体颜色的一致，应采用同型号同厂家的脱模剂，同时不随意更改混凝土原材料以及外加剂的厂地、规格等。

（7）拆模后，梁段应及时标记其自身编号、模具号及浇筑日期等，并检查外观质量。

（8）梁段存放和运输过程中，用于支承的垫木或橡胶垫应保持干净或采用塑料布包裹，以防梁段外表面受到污染。

2）模板安装

（1）模板自身质量、安装质量必须全部通过验收，其中模板接头、异形构件模板应重点关注，必须严格按照确定的施工方案组织施工。

（2）施工单位应设置模板的质量管理点，包括模板的安装质量（刚度、强度和稳定性），模板的平整度、垂直度、截面尺寸、高程、接缝严密情况以及预埋件、预留孔洞的位置、轴线位移等。

（3）模板施工前，应检查上道工序的施工质量（如钢筋位置、放线位置等）；模板存在缺陷时，应及时更换或修复，并加强工序自检。

（4）施工时，技术人员应出具作业指导书，制定纠正和预防措施；监督班组应及时自检、互检和交接检查，发现问题需及时处理。

3）预应力材料

（1）对张拉锚固端的构造处理、张拉顺序、张拉应力控制值、伸长值等方面应进行重点关注，并根据设计要求，进行必要的实验。

（2）严格控制预应力钢绞线、锚具等的用料质量，且在材料进场后，按规范要求进行取样试验。

（3）材料进场后，应采取防雨、防潮措施；管理好进场锚具、钢绞线、夹片等材料，防止预应力材料的锈蚀问题。

4）张拉、压浆

（1）预应力钢绞线质量应符合相应的现行国家标准，进场时应根据进场批次和产品的抽样检验方案确定检验批，并进行复验。

（2）锚具、夹具和连接器应按设计规定选用，其性能和使用应分别符合国家现行标准《预应力筋用锚具、夹具和连接器》（GB/T 14370—2015）和《预应力筋用锚具、夹具和连接器应用技术规程》（JGJ 85—2010）的规定。

（3）预应力筋进场前应进行外观质量检查。对有黏结的预应力筋，应按相关标准进行检查。对无黏结的预应力筋，如果出现护套破损，应及时处理。

（4）当锚具、夹具及连接器入库时间较长时，使用前应重新对其进行外观质量检查。

（5）预应力筋张拉时，应保证各根预应力筋的预应力施加一致、均匀。

（6）施加预应力时，应制定防止预应力筋断裂或滑脱的措施，且断裂或滑脱数量不超过规范的规定。

（7）预应力筋张拉后应及时进行孔道灌浆，且灌注的水泥浆应饱满、密实，完全包裹预应力筋，必要时进行无损检查或凿孔检查。

（8）孔道灌浆时，采用普通硅酸盐水泥配制水泥浆，并掺入外加剂来改善其稠度、泌水率、膨胀率、初凝时间、强度等，且水泥和外加剂中不能含有对预应力筋有害的化学成分。

（9）严格限制水泥浆中的水灰比，以减小泌水率，从而获得饱满、密实的灌浆效果。

5）移梁及存梁

（1）梁段钢筋初张拉后，吊运时严禁在梁上堆放其他重物，终张拉后的吊运必须在管道压浆规定的强度后进行。

（2）梁段运输及出场装运时，梁端容许悬出长度应符合设计要求。

（3）梁段在梁厂内运输、起落梁和出场装运时宜采用联动液压装置或多点平面支撑方式，运输和存梁时均应保证每个支点实际反力平均值相差不超过 ±5%。

（4）存梁台座应稳固，有排水措施。

（5）存梁台座上的支点距梁端的距离应符合设计要求，设计无要求时存梁支点距梁端的距离不大于 1.5m。

6）成品检查

（1）成品梁外观、尺寸偏差及其他质量要求为梁体及封端混凝土外观平坦密实，整洁，不露筋，无空泛，无石子堆垒。

（2）成品梁外形尺寸允许偏差：桥梁全长（±20mm），桥梁跨度（±20mm），桥面板内外侧偏离设计位置（+20mm，−10mm），腹板厚度（+15mm，0），底板宽度（±5mm），梁上拱（1/1000，终张拉 90d 时），梁高（+20mm，−5mm），挡渣墙厚度（+20，0），横隔板厚度（+20mm，0），横隔板位置（20mm），腹板及横隔板垂直度（每 4m 高不大 4mm），表面平坦度（5mm/m）。

（3）梁段应逐件进行检查、验收，并签发技术证明书。

（4）梁段均应当设置桥牌。

7）成品养护

（1）预制梁在拆模时应保证棱角分明，不得随意使用大锤敲砸或以梁体为反力点撬拨。

（2）在移梁过程中，吊具应安装牢固，通用门式起重机低速稳固行驶，防止梁体因惯性与其他物体碰撞损坏。

（3）在封锚前，应对梁体内的预应力筋及锚具进行覆盖保护，防止其锈蚀影响梁体质量。

（4）张拉封锚后的梁体应悬挂标识标牌，注明梁体的详细信息。

（5）设置专门人员对成品梁进行看管，非作业人员严禁入内。

3.5.2　安全保证措施

1）梁段预制、存放及运输

（1）施工现场设置围挡，非工作人员不准进入场内；施工人员、管理人员进入施工现场必须戴安全帽、穿工作鞋及工作制服。

（2）门式起重机的走行轨道应根据设计轮压，对地基进行处理和加固，浇筑混凝土或铺设枕木作为轨道基础。

（3）门式起重机及场内起重机作业由专人指挥，各类机械设备由专人操作。机械作业时，严禁任何人员在其影响的范围内站立或行走。

梁段的存放不超过三层，且应防止梁段堆放的不合理受力。梁段采用硬质方木支垫，支垫原则是调整垫木的高度，保证梁段顶面水平。正式运输梁段之前，在预制场内进行充分的预演，从梁段的装、卸、绑扎加固方式，到适用车速，应对各种意外情况的措施，总之，要在运输环节确保产品安全。

2）交通、防火、防风、用电

（1）安全措施

全体机械车辆驾驶人员必须听从交警及交通疏导人员指挥，酒后不驾驶，疲劳不驾驶，不超载，不超速。严格定期对机械设备进行检修保养，不得带故障上路行驶。

施工单位组织全体驾驶人员重新学习国家及地方的有关交通法规。与交警部门联系在交通线路上布设限速、禁停等标志、标牌。

在施工场地出入口设置规范、醒目的交通标志，夜间开启灯光示警标志。

施工机具、车辆和设备有专人管理和操作，做到"三定"（定人、定机、定岗位），"三好"（管好、用好、维修好），"四会"（会使用、会保养、会检查、会排除故障），"四懂"

（懂管理、懂结构、懂性能、懂用途），车辆、设备按有关规定进行保养，确保其性能处于完好状态，符合安全技术要求，满足施工需要。

做好现场管理及安全用电工作，动力线采用架空电缆线，不得使用花线。电气设备要有可靠的保护接地。电工、电焊工为特殊工种，必须经考试合格，持证上岗，现场用电必须有专职电工负责，严禁非专业人员操作、维修电气设备，严禁私自接线。

各类房屋、库棚、料场等的消防安全距离符合公安部门的规定，室内不得堆放易燃品；严禁在木材加工场、料库等处吸烟；现场的易燃杂物，随时清除，严禁在有火种的场所附近堆放。

施工现场和生活区做好防火工作，安全标牌齐全且符合规定，油料库、材料库、电气设备、机械设备作为防火重点，实行定人定责、定期检查，严防火灾发生。消防器材有专人保管，组成业余消防队，定期训练，保证所有施工人员熟悉并掌握消防设备性能和使用方法。

加强防汛、防风工作。雨季成立防汛小组，设专人值班，加强与气象部门的联系，提前做好防洪防汛工作，备足防汛材料，避免人员及财产损失。

为了保护工程、保障施工人员和群众的安全，在必要的地点和时间内，设置照明和防护、警告信号和看守人员。

在电焊和氧气乙炔施工作业前，施工人员必须在作业点旁备上灭火器等灭火工具。根据相关要求，电焊作业过程中必须保护接地，氧气乙炔作业时，氧气和乙炔的间距不应小于 5m。

（2）事故处理

根据有关法律、法规、规定和条例等要求，施工单位应制定一套安全生产应急措施和程序，一旦出现任何安全事故，能立即保护好现场，抢救任何伤员，保证施工生产的正常进行，防止损失扩大。

发生重大伤亡及其他安全事故，应按有关规定立即上报有关部门并通知监理工程师代表和业主，不得隐瞒。

发生事故后，工区应严格保护事故现场，防止事故扩大，并要按照"三不放过"的原则进行联合调查，认真分析，查明原因，对事故责任者，严肃处理，追究经济、行政、法律责任。

>>> 第 **4** 章

简支箱梁节段拼装施工技术

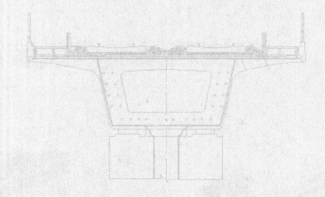

Construction Key Technology and Application of
Simply Supported Box Girder with
Prefabricated Segment Assembly

节段拼装指在梁体预制完成并运送到现场后，采用架桥机、桥面起重机等设备将节段梁沿桥纵向循序排列，连接成整体并就位于墩台上的过程。根据桥梁节段之间拼装方式的不同，目前节段拼装主要可分为干拼、湿拼法两大类。

在 20 世纪 90 年代，我国桥梁拼装技术主要以湿拼法为主，随着近年来有限元技术、新型国产节段拼装材料以及高性能混凝土构件的发展，干拼法建造桥梁的技术得到进一步推广。相对于湿拼法，干拼法建造桥梁的最大特点是，在接缝处理时采用环氧树脂拼接胶代替混凝土，同时在环氧树脂拼接胶固化前施加临时预应力，以保证拼装阶段的施工安全。但从施工角度来看，采用干拼法建造桥梁时，对节段定位和拼装技术精度要求较高，同时对施工设备以及工人的专业技能也有较高要求。

本章首先对节段拼装技术的难点进行简要介绍；其次，对节段拼装施工的工艺，包括湿拼法和干拼法进行详细说明；最后，对节段拼装施工过程中的质量保证措施和安全保障措施进行总结，可为今后节段梁拼装施工提供借鉴参考。

4.1　技术难点

尽管节段拼装技术广泛应用于常规中、小跨度和大跨度桥梁施工中，但其仍面临以下技术难点：

（1）梁段运输、吊装等设备会较大程度影响拼装效率，因此选取合适的拼装设备非常关键。

（2）架桥机、运梁车构造复杂，安装、拆卸需耗费大量人力物力。因此，架桥机、运梁车的快速安装和拆卸是缩短工期的前提。

（3）在采用湿拼法施工时，接缝质量控制难度较大，接缝在承载能力极限状态时，其抗弯和抗剪承载力均较低。

（4）采用干拼法施工时，由于施工工序较多，施工总体组织、协调难度较大，拼装质量也因此难以得到保证。

4.2　节段梁的吊装与运输

目前，节段梁在拼装过程中，通常采用门式起重机进行吊装，采用运梁车进行运输。

4.2.1　通用门式起重机

（1）基本定义

通用门式起重机的桥架梁通过支腿支承在轨道或承载面上，如图 4-1 所示。通用门式起重机的取物装置为吊钩、抓斗、电磁吸盘等一种或多种的组合。

（2）技术参数

通用门式起重机的主要技术参数见表 4-1。

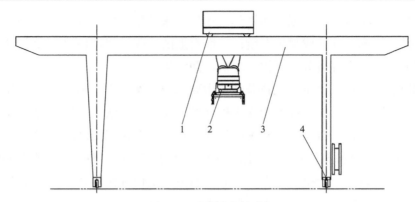

图 4-1　通用门式起重机

1-小车；2-集装箱吊具；3-门架；4-大车运行机构

通用门式起重机技术参数 表 4-1

起重量 （t）	类别	工作级别	主钩起升速度 （m/min）	副钩起升速度 （m/min）	小车运行速度 （m/min）	起重机运行速度 （m/min）
≤50	高速	M7	6.3～16	10～20	40～63	50～63
	中速	M4～M6	5～12.5	8～16	32～50	32～50
	低速	M1～M3	2.5～8	6.3～12.5	10～25	10～20
>50～125	高速	M6	5～10	8～16	32～40	32～50
	中速	M4～M5	2.5～8	6.3～12.5	25～32	16～25
	低速	M1～M3	1.25～4	4～12.5	10～16	10～16
>125～320	中速	M4～M5	1.25～4	2.5～10	20～25	10～20
	低速	M1～M3	0.63～2	2～8	10～16	6～12

注：1. 在同一范围内的各种速度，具体值的大小应与起重量成反比，与工作级别和工作行程成正比。
　　2. 地面有线操纵起重机运行的速度按低速列类别取值。

（3）基础设计

根据通用门式起重机的各项设计参数、使用工况以及地质条件等综合因素，选择合适的基础类型，并初步确定基础的尺寸。一般情况下，宜采用混凝土条形基础，使其与地面齐平。混凝土的强度等级根据节段最大吊重进行选择，通常选用强度等级大于 C30 的混凝土进行浇筑。此外，必须确保基础能够安全可靠地承载起重机的各种荷载，同时兼顾经济性和施工可行性。

验算过程中首先需要进行荷载计算，考虑门式起重机自重、最大起吊物重量等因素，进而计算单腿分担荷载以及单侧最不利荷载；其次，在考虑不均匀及冲击因素下，验算单个走行轮轮压是否在容许范围内；最后，根据现场试验数据确定地基承载力，确保地基承载力大于所产生的压强。在满足计算要求后，可以在基础内放置一层钢筋网片，以避免基础因不均匀沉降而开裂。

（4）配套要求

需考虑台座的布置特点，其中台座为"一"字形排列时，应优先选择跨度较小的门式起重机；台座为"品"字形排列时，应优先选择跨度较大的门式起重机。

需考虑制梁场模板的结构形式，其中模板为整体式模板时，应优先选择起重量大的门式起重机；模板为拼装式模板时，应优先选择起重量较小的门式起重机。

制梁场规模大、工期紧时，应优先选用大跨度中型门式起重机。

4.2.2　预应力设备

预应力设备指对预应力混凝土构件施加张拉力的设备。

1）设备分类

（1）按预应力筋种类分类

①粗钢筋预应力设备：用于张拉单根精扎高强度螺纹钢筋。其优点是施工方便、操作简单、锚固可靠；缺点是受钢筋强度限制，只适用于较小的钢筋混凝土构件。

②高强度钢丝束预应力设备：用于张拉高强度钢丝束。其优点是适用于中小长度的混凝土构件、成本较低、操作简便、施工质量好；缺点是只能张拉钢丝束，不能做群锚，对混凝土构件的截面尺寸有影响。

③钢绞线预应力设备：用于张拉钢绞线。其优点是可按需要选择钢绞线根数、采用群锚技术、合理控制混凝土构件的截面尺寸、减轻构件总重量、降低施工成本。

（2）按预应力设备动力方式分类

①机械式预应力设备：采用机械传动方法张拉预应力钢筋，主要用于张拉力小，行程长的直线、折线和环向张拉预应力工艺。它又分为电动螺杆和电动卷筒预应力设备。

②液压式预应力设备：采用高压或超高压液压传动进行工作，由液压千斤顶和液压油泵组成。它具有张拉力大、体积小、自重轻和操作简便等优点，目前在预应力混凝土施工中被广泛应用。

2）液压式预应力设备

（1）液压千斤顶

按作用形式分为单作用、双作用和三作用液压千斤顶。

①单作用液压千斤顶：只能完成预应力筋一个动作，一般用于张拉端部带螺丝杆锚具的预应力筋。

②双作用液压千斤顶：能完成张拉和预压两个动作，一般用于由锚环和锚塞组成的预应力筋。

③三作用液压千斤顶：能完成张拉、预压和自动退楔三个动作，适用范围与双作用液压千斤顶相同。

按结构特点分为拉杆式、穿心式、锥锚式和台座式液压千斤顶。

①拉杆式液压千斤顶：即活塞杆式单作用液压千斤顶，主要用于张拉带螺杆锚具或夹具的钢筋、钢丝束，也可用于模外先张、后张自锚等工艺。

②穿心式液压千斤顶：即沿千斤顶轴线有一穿心孔穿入钢筋并进行张拉的液压千斤顶，用于张拉并顶推带夹片锚具的钢丝束和钢绞线束，在铁路预应力箱梁施工中广泛应用。

③锥锚式液压千斤顶：即双作用的液压千斤顶，用于张拉带有钢质锥形锚具的钢丝束

和钢绞线束。

④台座式液压千斤顶：需要和台座、横梁或张拉架等装置配合才能进行张拉工作，用于先张法台座生产工艺中的粗钢筋张拉。

（2）液压油泵

①按结构形式分为齿轮式、叶片式和柱塞式油泵。预制箱梁张拉设备常用为轴向式柱塞油泵，其特点为结构简单、体积轻、压力大、故障率低。

②按液压泵流量分为定量泵和变量泵。

③按工作需要分为单路供油泵和双路供油泵。

4.2.3 移运设备

1）运梁车的组成

目前梁段的移运一般采用运梁车进行，其是将预制厂或现场预制的梁段运送到架桥机的专用车辆，主要由驱动轮、从动轮、车架、驾驶室、操纵控制系统、辅助装置等组成，如图 4-2 所示。

a) 正视图　　　　　　　　　　　　　b) 后视图

图 4-2　运梁车

2）运梁车的特点

运梁车的运输量远超其他运输工具，运梁速度较快，能显著提高施工效率且维护成本相对较低。但值得注意的是，运梁车在行驶过程中可能会对道路造成一定的破坏，使用前需要充分考虑现场道路条件。

3）运梁车的主要技术参数

运梁车主要类型包括分轨行式运梁车、轮胎式运梁车、运梁挂车以及运梁炮车等，选型时主要考虑荷载重量、适应坡度、行驶速度及转弯半径等技术参数。

4）运梁车选型的基本要求

（1）运梁车选型需结合制梁场的规模、工期要求、地质条件、制梁台座排列方式等。

（2）当梁场规模大、工期紧、地质条件差时，可优先选用荷载重量较大的运梁车进行梁段移运。

（3）当梁场规模大、工期紧、地质条件好时，可优先选用荷载重量较小的运梁车进行梁段移运，从而降低设备的投资费用。

（4）各种形式配套方案需要根据企业技术装备政策、施工经验、经济条件认真比选。

5）荷载计算

在实际施工中，一般需要对门式起重机在静、动载下的承载力分别进行验算，以满足实际使用需求。

（1）静载下的承载力验算

静载条件下，门式起重机的承载力计算需要考虑荷载重量、长度、位置和方向等因素。假设荷载重量为 W，放置在门式起重机上的距离为 L，门式起重机自身重量为 G_W，门式起重机吊杆长度为 L_1，门式起重机杆的截面积为 A，则可以根据式(4-1)计算门式起重机的承载能力：

$$F_{gc} = \frac{0.7W + 0.3G_W}{A} - \frac{L}{L_1}W \tag{4-1}$$

式中：F_{gc}——门式起重机的承载能力。

（2）动载下的承载力验算

动载条件下，门式起重机的承载力计算需要考虑荷载的运动状态、方向和速度等因素。此时需要根据门式起重机的受力分析，计算荷载的最大振荡数和最大反弯矩，其具体计算步骤如下：

①根据荷载重量和工作条件，计算荷载在门式起重机上的最大水平力和最大垂直力。

②假定荷载在门式起重机上的最大水平力为 F_{gch}，在门式起重机下降过程中荷载的最大垂直力为 F_{gcv}，则可按式(4-2)计算荷载在门式起重机下降过程中的动态过载系数 K_9：

$$K_9 = \frac{F_{gcv}}{W + F_{gch}} \tag{4-2}$$

③根据设计荷载和动态过载系数，计算出荷载的最大振荡数，即荷载通过门式起重机上升和下降的次数。

④计算荷载的最大反弯矩。

$$M_{max} = \frac{F_{gch}L}{4} + \frac{WL}{8} \tag{4-3}$$

式中：M_{max}——荷载所需承受的最大反弯矩。

⑤根据门式起重机的受力分析，对荷载负荷下降的速度进行限制。荷载负荷下降的速度应根据使用环境和工作条件进行适当的限制，以保证门式起重机的安全性和稳定性。

4.2.4　运输、吊装步骤

1）工艺流程

起重机及吊具的检查→匹配梁段移位至指定位置→安装提梁吊具→吊装前的检查→起梁→移梁→落梁→拆除吊具→起重机停至指定位置→完毕。

2）门式起重机及吊具检查

门式起重机在每次吊装前应进行各项检查，检查指标主要包括：

（1）门式起重机行走轨道基础是否完好，钢轨限位器是否完整；门式起重机各连接螺栓及焊点等应进行各项检查，检查合格后再进行吊装使用。

（2）门式起重机吊梁的专用吊具应按照设计要求及梁重进行设计，施工单位不得随意加工；吊具进场后应进行各项指标检查，查验材质合格证报告以及吊具检查报告；现场吊装前应对各个连接部位进行全面检查，未经检验不得直接投入使用。

（3）匹配梁段移位至指定位置

当新浇梁段初步养护、拆模且经测试该匹配梁段达到设计强度70%后，再通过底模小车和低速卷扬机或手拉葫芦相互配合进行匹配梁的平移，最终移至门式起重机吊装点的指定位置。

3）移梁前的检查

（1）移梁前针对底模小车进行各项检查，包括液压系统是否完好、行走轨轮是否完整无缺口、主梁焊缝及螺栓连接是否完好等，检查无误后投入使用。

（2）严格按照要求进行移梁，不得随意、盲目进行移梁，必须经过管理人员确认后方可开始移梁。

4）安装提梁吊具

当门式起重机检查完毕后进行吊具的安装工作，吊装杆采用螺栓进行连接，安装吊具前应采用1cm厚的橡胶皮垫进行支垫，避免吊装过程中垫板直接接触混凝土而造成混凝土面局部损坏。

5）吊装前的检查

门式起重机起吊前应严格执行不检查确认不进行吊装作业的原则，同时邀请工程师及项目技术人员进行吊装前的检查工作，检查项目包括：

（1）螺栓连接是否按照要求进行双螺母安装。

（2）垫板是否按照要求进行公装。

（3）吊具起吊前是否进行吊装连接位置检查。

（4）吊具是否卡住，是否发生脱落现象。

6）起梁、移梁、落梁

（1）起梁

吊装前的各项指标检查合格后，操作工人撤离梁体倾覆范围以外，最小安全距离要大于15m。地面观察员和操作室内司机双方确认无误后开始起吊，双方可通过对讲机进行通话，操作室内司机通过安装在前端的摄像头进行实时观察，当起重机离地3m后停止继续起吊。

（2）移梁

吊至要求高度后稳定一段时间，确保吊装起来的梁体在空中晃动。开始移梁时，操作室内司机控制好行进速度，缓慢向前平移，不得中途停顿。行进过程中，同地面观察员通过对讲机进行实时对话，无异常情况时持续行走，直至行走到指定存放台座位置处。

（3）落梁

当到达指定位置后稳定一段时间再进行落梁工作，落梁时应听从地面观察员指挥进行落梁，不得随意操作。落梁时，梁底15m范围内严禁站人。

7）拆除吊具

当梁体落至指定位置，并检查无误后，开始进行吊具的拆除工作。应先拆除梁体内腔的螺栓、垫板，再进行顶部拉杆及螺栓的拆除。当拆除完毕后，所有人员下至地面，远离梁体，地面观察员通知操作室内司机，开始提升吊具至指定高度。

重复上述移梁步骤，直到把吊具存放至指定位置即可。

8）注意事项

（1）运梁车运行的线路，在使用前必须通过验收。重载方向最大纵坡控制在 30% 以内。在整个施工过程中，相关线下单位要做好线路的巡视、检修、养护工作，始终保证线路的技术状态良好，确保运梁安全。

（2）梁体装车时，梁的重心与车辆中心的偏差控制在 ±5cm 以内，加固措施切实有效，梁体与平车之间加垫专用的转向架，保证在运输过程中的稳定和安全。

（3）在运梁车运行过程中，司机要加强观察，对前方的情况要了解清楚，采取措施应果断。同时在车辆的最前方要设随车辅助观察员，认真进行观察，随时与司机保持联系。

（4）重载时车辆运行速度不超过 15km/h，空载时不超过 30km/h。运行过程中严禁紧急刹车或突然加速。

（5）在梁体倒装过程中，严禁平板车的任何部分或梁体加固设施与倒装龙门架发生碰撞或刷蹭。

4.3　节段梁拼装

4.3.1　架桥机选型、安装及拆除

预制的节段梁通常采用架桥机拼装，其中拼装设备主要有两种：上承式架桥机和下承式架桥机。

1）架桥机选型及准备工作

（1）架桥机选型

架桥机可根据表 4-2 进行选型。除了考虑下表所列原则性差异外，还需考虑其余因素的影响，如墩柱的形状、高矮、断面大小以及承受偏心（弯矩）的能力等。

架桥机选型表　　　　　　　　　　　　　　　　　　　　　　表 4-2

实施条件	上承式架桥机	下承式架桥机
桥上空间不足时	不适合	适合
桥下空间不足时	适合	不适合
桥面运节段梁	适合	适合
地面运节段梁	适合	适合
收口跨高位张拉	方便	不够方便（专项设计）
爬坡能力（大于 2%）	专项设计	专项设计
小转弯半径（$R < 300m$）	主梁铰接设计	主梁铰接设计

在满足相关技术要求的条件下，尽可能地购买定型产品或与有关单位联合研究制造。通常要求架桥机造价低、安全可靠，架设施工步骤少，劳动强度低，且架设速度最低达到每天2孔。

（2）安装前准备工作

①施工场地必须先清理干净，保证场地的坚实、开阔，没有与施工机械相干涉的障碍物，起重机工作区必须确保地基坚实可靠，必要时可采用专用垫板铺垫。

②采用水平仪、经纬仪控制安装构件的水平位置与轴线位置，确保误差控制在1mm以内。

③准备好所需的吊具、索具、扳手、榔头等，同时配备电焊、氧焊等所需工具。

2）架桥机组成

架桥机主要包括主梁、引导梁、前后支腿、托轮、液压系统、电气系统，如图4-3所示。

图4-3 架桥机实拍图

（1）主梁

主梁通常采用桁架式结构，由型钢和钢板焊接而成，具有质量轻、刚度大、稳定性强、抗风能力强以及安装方便等优点。

主梁作为架桥机的主要承力构件，常将其划分为多个节段，并通过上横梁、前框架与前支腿横梁连接在一起，主梁上弦杆顶部铺设方钢轨道，实现提升小车在其上行走与起吊作业。

提升小车主要由纵移轮箱、旋转平移支座、扁担梁、横移轮箱、卷扬机与动定滑轮组等组成，起到提升、运送和架设预制梁的作用。轮箱上的电动机通过摆线针轮减速机与齿轮组将动力传递给车轮，实现纵移轮箱在主梁上纵向运行与横移轮箱沿扁担梁横向运行。因此，通过调整旋转支座即可得到所需的角度，便于斜桥和弯桥的架设。

（2）引导梁

引导梁通常设置在主梁的前端，具有伸缩功能。通过伸缩卷筒的驱动，实现引导梁从主梁前端伸出或缩进。引导梁主要由导梁桁架、伸缩机构、副前支腿与导梁连接架组成，其中导梁桁架主要由型钢与钢板组成。

导梁伸缩机构主要由钢丝绳卷筒、减速机、齿轮组、导轮、托轮、换向滑轮等组成，是引导梁实现伸缩的动力机构。

副前支腿主要由钢管立柱、上下导向架、斜撑杆等组成，常安装在引导梁的前端。当架桥机过孔时，引导梁到达前支墩盖梁上的副前支腿，保证架桥机的稳定性。

导梁连接架主要由型钢和钢板焊接而成，宽度可根据需要自主调节。其常位于两列导梁的前端，通过销轴把两列导梁连接在一起，且自身具备调节角度的功能。

（3）前后支腿

前支腿主要由前支轮箱、转向法兰、套筒立柱、上下横梁和液压升降装置等组成，常安装在主梁前端下部，是架桥机前部支撑与架桥机横移运行的动力机构。

后支腿常安装在主梁后端下部，采用伸缩套筒结构，可自主调节高度。当架桥机过孔移动后托轮时，后支腿用于主梁后部的临时支撑；当架桥机过孔纵移或架梁横移时，后支腿则需收起与桥面脱离。

（4）托轮

托轮分为中托轮和后托轮，其中中托轮分为上层轮箱、中托伸缩调整盘与下层轮箱三部分，并通过马鞍、销轴和螺栓连接成整体。其中上、下层轮箱通过转盘调整角度，便于斜桥和弯桥的架设。中托轮在一定范围内可通过伸缩调整盘的液压千斤顶调整角度。

在行进过程中，将中托轮上层轮箱倒置，车轮向上并支撑在主梁下弦杆上，轮箱上配置有驱动电机，通过摆线针轮减速机与齿轮组将动力传递给车轮，从而使架桥机纵移。此外，下层轮箱行走在中托横移轨道上时，通过驱动电机与前支轮箱同步驱动架桥机横移。

后托轮由后托轮箱、伸缩套筒和液压缸等组成，是架桥机过孔时的后部支撑。其自身高度可以调整，以保证架桥机始终处于水平状态。当架桥机过完孔后，启动液压缸，使托轮和主梁下弦杆脱离，架桥机即可实现横移架梁。

（5）液压系统

液压系统主要由油泵、油管、液压缸等组成，前支腿和后托轮均配置有液压系统，通过液压系统来调整架桥机机身水平并完成架桥机过孔的辅助工作。

（6）电气系统

电气系统主电路通常采用交流供电，且需满足以下条件：

①架桥机应采用配电柜集中控制，各单机采用十字开关控制。整机联锁，任何单机出现故障时，全线停止工作并进行故障报警。

②整机应设有零位保护、零压保护、短路保护、过载保护、过流保护。各单机均采用控制面板上的开关进行控制，以保证工作的安全可靠性。

③架桥机所有电机均应为单速电机，配电柜的控制面板上应设有控制开关。

④前支腿和下中托、前天车和后天车、前天车横移和后天车横移电机上均应设置联动和单动两种工作方式。

⑤电机在工作过程中，如出现接触器黏死、开关失灵或其他紧急情况时，应立即切断总电源开关，待故障排除后，方可开始工作。

⑥司机离开操作室时，必须将控制面板上的万能转换开关、三档开关扳到零位，按下"总停止"按钮，然后切断电源。

3）架桥机验算

（1）验算内容

架桥机验算主要包括主梁、天车、前支腿、中支腿、后支腿、后辅支腿、整机稳定性等。

（2）验算原则

架桥机一般采用许用应力设计法进行验算，且在计算结构或构件的强度、稳定性以及连接的强度时，应根据不同的荷载组合，选取相应的材料强度安全系数。

（3）验算阶段

架桥机的验算主要包括以下几个阶段：

①主天车及辅天车位于主梁上且所有节段吊挂到主梁，整机依靠中支腿和后支腿支撑。

②前支腿支撑到位。

③主天车作用在后跨，辅天车作用在前支腿上部，整机依靠前支腿、后支腿支撑。

④主天车作用在后支腿上部，辅天车作用在前支腿上部，整机依靠中支腿及后辅支腿支撑。

根据上述四个阶段，按照表4-3验算架桥机的各项技术参数是否满足规范或设计要求。

架桥机验算参数

表4-3

类型	部件	验算内容	要求
主梁	—	最大正应力	小于规范值
		最大剪应力	小于规范值
		最大垂直静挠度	小于规范值
导梁	—	最大正应力	小于规范值
		最大挠度	小于规范值
天车主横梁	—	最大正应力	小于规范值
支腿	—	刚度、强度、稳定性	满足设计条件
柔腿销轴	—	最大剪应力、最大挤压应力	小于规范值
天车起升机构	回转吊具减速机	滚珠承受的总压力	满足设计条件
	大车运行机构	运行摩擦阻力、坡道阻力	满足设计条件
辅天车结构	主梁	最大正应力	小于规范值
	行走机构	运行摩擦阻力、坡道阻力、风阻力	满足设计条件
前支腿	支撑滚轮轴	单盘轴最大承载力	满足设计条件
	均衡销轴	单根销轴最大承载力、最大剪切应力、孔壁挤压应力	满足设计条件、小于规范值
	均衡梁	最大弯矩、最大正应力、最大剪切应力	小于规范值
	竖支腿	强度	满足设计条件
	前支腿锚固	单根锚固承载力	满足设计条件
中支腿	竖支腿	最大正应力、最大剪切应力	小于规范值
	顶升液压缸	最大承载力	满足设计条件

类型	部件	验算内容	要求
后支腿	横梁	最大正应力、最大剪切应力	小于规范值
	顶升液压缸	最大承载力	满足设计条件
	纵移液压缸	最大推力、最大拉力	满足设计条件
	纵移液压缸销轴	销轴剪切应力、孔壁挤压应力	小于规范值
	横移液压缸	额定推力、额定拉力	满足设计条件
	横移液压缸销轴	销轴剪切应力、孔壁挤压应力	小于规范值
后辅支腿	上横梁	最大正应力、最大剪切应力	小于规范值
	下横梁	最大正应力、最大剪切应力	小于规范值
	台车车轮轴承	单盘轴承最大承载力	满足设计条件
	顶升液压缸连接梁	最大正应力、最大剪切应力	小于规范值
	液压缸连接销轴	销轴剪切应力、孔壁挤压应力	小于规范值
	伸缩套连接销轴	销轴剪切应力、孔壁挤压应力	小于规范值
吊挂吊杆	—	吊点最大正应力、最大剪切应力	小于规范值
整机稳定性	纵向稳定性	抗倾覆力矩、倾覆力矩、稳定系数	满足设计条件
	横向稳定性	抗倾覆力矩、倾覆力矩、稳定系数	满足设计条件

除了验算表 4-3 中的参数以外，还应要求厂家提供架桥机计算书，主要包括荷载分析、强度和刚度验算、稳定性验算、疲劳寿命分析以及安全系数评估等内容，同时在施工现场进行焊缝探伤，通常采用无损检测方法，如超声波检测、磁粉检测以及渗透检测等，探伤过程满足规范《焊缝无损检测　超声检测　技术、检测等级和评定》（GB/T 11345—2023）的要求，并针对探伤中发现的问题及时进行整改修复。

4）架桥机拼装

架桥机通常按照前支腿→中托横移轨道、中托轮、后托轮→主梁、导梁→前支腿、副前支腿→提升小车→电气系统的顺序安装完成。具体安装步骤如下所示：

（1）前支腿

①铺设前支腿横移轨道：将前支腿横移轨道放置在盖梁挡板上，底部采用沙桶或钢板支垫，并采用水平仪调平。横移轨道下两支点的距离不应超过 1m，各支点承载力不应小于 65t。同时需在两个盖梁之间的轨道梁底部进行加固，以达到强度要求。

②将前支腿各零部件按照桥梁平曲线组装成整体，并用起重机将前支腿吊起，将前支轮箱放在前支腿横移轨道上。调整前支腿高度，将前支腿与盖梁或预制梁临时固定，以防止倾倒。

（2）中托横移轨道、中托轮、后托轮

①在已架设的梁段端头顶部摆放中托横移轨道，底部采用钢架支垫。两支点距离不应

超过 1m，支垫时各支点承载力不应小于 65t。

②使用水平仪将中托横移轨道调整水平，并要求与前支横移轨道平行，两端距离偏差不应大于 2cm。

③将中托轮零部件根据桥梁平曲线组装成整体，按过孔方向将其置于中托横移轨道上部，两种托轮中心距离需根据实际需要确定。

④安装临时电源，检验中托轮的车轮转向是否一致。

⑤将后托轮组装成整体，安装在架桥机的后端。

（3）主梁、导梁

①将导梁装入对应的主梁。

②按照主梁的编号顺序依次连接成整体。

③利用提梁站的起重机将主梁吊起，其中前端放置在中托轮上，后端放置在后托轮上。

④检查各主梁中心距离是否满足要求，其中两端偏差不应大于 5mm，中间偏差不应大于 7mm。

⑤依次安装主梁前端的连接框架、后上横梁、导梁连接架。

⑥安装后支腿。

（4）前支腿、副前支腿

①安装前支腿的液压系统。

②将前支腿液压缸接上油泵，启动前支腿油泵，将液压缸和上下横梁用销轴连接。

③启动前支腿油泵将支腿上部顶起，或用起重机将整个前支腿吊起，再用螺栓将支腿与主梁连接成整体。

④通过液压缸调整下部轮箱的高度，使前支腿轮箱支撑在前支腿横移轨道上。

⑤将副前支腿穿入导梁前端，并用法兰进行连接，调整下部伸缩管高度，直到满足过孔要求。

⑥插入销轴，固定副前支腿的高度。

（5）提升小车

①将提升小车的纵移轮箱和扁担梁进行组装，并保证两个纵移轮箱的中心距离满足要求。

②利用起重机将提升小车放置在主梁轨道之上。

③将横移小车放置在提升小车的横移轨道之上。

④将卷扬机吊起放置在横移小车的车体上，并安装雨棚。

（6）电气系统

电气系统需参考电气原理图、接线图进行安装。架桥机工作前，需先接通临时电源，确定各驱动电机转向是否正确、一致，制动器是否有效，各安全装置是否安全可靠。

（7）吊具

①钢丝绳从动滑轮的中部穿入。

②钢丝绳的端部固定在定滑轮上。

③钢丝绳穿好后，安装吊具。需保证吊具自然下垂，不得扭转，钢丝绳之间不得相互干涉。

④吊具下放至所需最低位置时，卷筒上的钢丝绳不得少于三圈也不宜多于十圈。

（8）注意事项

①应按拟定的工艺进行安装。

②应预先确定安装的指挥人员、执行人员、检查人员等，并各司其职，统一指挥。

③应密切注意安装设备的动作情况（特别是起吊设备、钢丝绳与捆扎接头等固定、连接情况等）。

④应预先选好吊装着力点与吊装辅助结构，且吊装时的安装荷载不得大于起重机的设计荷载。

⑤应确保连接件的安装牢固有效，符合安装规定。

⑥应做好安装过程中的记录和意外情况的处理结果。

5）调整与试运行

架桥机安装完成后，需进行调整与试运行，以保证架桥机后续的正常工作，具体操作如下：

（1）架桥机安装完成后，应对各部件再次进行仔细、严格地检查，特别是对螺栓的紧固，电路、管路的连接与各部件的状况等进行检查。

（2）通电试运转前，需先用手或工具拨转电机轴与转动部位，如出现"咔"的现象必须及时处理，并用电阻表测试电机的绝缘情况，检查各转动部件的润滑情况。

（3）通电试运行。

先对单台电机进行通电运转，检查电流、转向、绝缘情况，机械传动件的运转是否有异响，并按此法逐台检查电机与机械传动件。

当确认每台电机与机械传动件运转无误后，进行联动试运转。在联动试运转中，要对其关键部位进行巡回检查，发现异响时及时查明原因并解决问题。

6）架桥机验收

架桥机验收主要包括以下内容：

（1）金属结构

主要包括金属结构的焊接缝隙、连接处以及小车轨道等，具体检查方法如下：

①在宏观检查的基础上，选择主要受力构件进行检测，包括主梁、支腿等，并根据架桥机结构类型的不同来选择不同的检测方式。

②明确好塑性变形和严重塑性变形之间的差异性，对于严重塑性变形的构件应当立即进行报废处理，而对于塑性变形的构件可进行维修。

（2）主要零部件

主要零部件包括吊具、滑轮、制动器以及减速器等，由于架桥机的主要作业对象为桥梁，因此应当根据零部件的不同，选择合适的检验标准。

（3）液压系统

液压系统是架桥机与传统桥门机最显著的区别之一，而这也使得其成为架桥机验收中的核心环节，主要包括以下验收内容：

①压力是衡量液压系统是否稳定运行的检验标准，因此在验收工作中应首先确保压力表的完好。

②为避免架桥机由于软管老化以及磨损等因素所引发的爆裂现象，应确保平衡阀、液

压锁以及执行机构之间的连接为刚性连接。

③应根据《起重机械安全规程 第5部分：桥式和门式起重机》（GB/T 6067.5—2014）以及《液压传动系统及其元件的通用规则和安全要求》（GB/T 3766—2015）中的要求对安全阀的压力进行调节。

除此之外，架桥机的验收还包括安全装置、电气设备以及荷载试验等，应根据各部件所对应的规范进行验收，只有确保验收工作全面开展，才能确保架桥机的安全运行。

架桥机在投入使用前或者投入使用后30d内，应当向特种设备所在地的直辖市或者设区的市的特种设备安全监管部门报备；对于整机出厂的特种设备，应在投入使用前报备，经过验收取得相关许可后方可使用；此外，需在单位设置特种设备安全管理机构，并配备相应的安全管理人员和作业人员。

7）架桥机拆除

（1）拆除原则

①拆除前，应在周边设立告示牌，并派专人管理现场，防止无关人员进入施工区域。

②拆除前，应先拆除电气设备与液压系统。

③拆除前，应先搭建临时支撑，在确认临时支撑已到位且安全的情况后，再拆除后支腿与导梁连接位置、前支腿与导梁连接位置。

④导梁拆除后，再进行前后支腿的拆除。

⑤整体拆除时，应对架桥机进行加固，并将吊钩挂在吊点拉紧索具，使索具与吊钩钢丝绳垂直。

（2）拆除步骤

架桥机的拆除步骤主要包括：

①同时收前支腿、后支腿，降低导梁于低位并支好。

②解除动力电源，撤除电机上的动力控制电缆。

③用起重机拆下前后吊梁行车与横梁纵移台车。

④用起重机解除前辅助顶杆，并关注吊点位置，防止不平衡情况出现。

⑤用风缆将前支点拉紧，并拆除主导梁、引导梁的横联。

⑥采用从后向前的拆除方式，当拆除至中支点后，采用单元梁搭设枕木垛的方法逐节拆除主导梁和后导梁。

⑦拆除前后支腿与走行机构。

⑧将所有构件归类码放整齐，便于运输装车。

⑨清点栓接、销接件与机电元件，避免造成损坏丢失。

（3）安全作业

架桥机在拆除时，需制定以下安全作业规定，确保架桥机拆除工作的顺利进行：

①拆除前，应对各设备进行仔细、全面地检查，将一切非设备材料（附着物、垃圾、废弃材料等）全部清理干净，防止发生高空坠落事故。

②对设备已损坏处予以明确标记，并记录在案，评估拆除是否可以正常进行。若不能，应采取加固、捆绑等措施或修改拆除方案。

③吊装作业前，应仔细检查钢丝绳、卸扣、吊装位置的质量，如有必要应及时更换或加固。

④拆除作业时，应严格遵循先上后下、按部就班的顺序，严禁盲目作业。起钩前，指挥员应观察下方有无作业人员，确认吊装构件是否与其他部件完全脱离。

⑤起钩应缓慢，当钢丝绳完全吃力、吊装构件即将吊起时，应进一步确认正常后方可继续进行。

⑥大、长、重构件（桁架、横梁、支腿等）在起吊时必须采用人工软牵引，防止构件剧烈晃动、碰撞其他部件。

⑦架桥机采用浮吊定点作业时，主桁架在前进或后退过程中，应确保起重天车的停靠位置，防止结构倾覆。

⑧架桥机各支腿就位后，应根据要求与桥面进行锚固，防止倾覆。

⑨主桁架、起重天车除作业与推进等工况外，其余拆除作业阶段均必须采取可靠的锚固措施。

⑩在转移一个中支腿时，其余中支腿必须与主桁架锁定。

⑪严禁在不符合吊装条件（风速过大、视线不良等）的情况下进行起重吊装，不得为赶进度在夜间或雷雨时间作业。

4.3.2　运梁车选型、安装及拆除

1）运梁车选型及准备工作

（1）运梁车选型

运梁车通常由车架、枕梁、液压悬挂、动力系统、液压系统、电气系统、控制系统、制动系统、转向系统及驾驶室等多个部分组成。根据运梁方式的不同，运梁车可分为线下运梁车、线上运梁车和轨道式运梁车三类，其主要技术参数见表 4-4。

运梁车技术参数　　　　　　　　　　　　　　　　　　表 4-4

技术指标	线下运梁车	线上运梁车	轨道式运梁车
额定荷载重量（t）	250	200	250
适应坡度	4%	2%	2%
适应横坡	2%	3%	3%
最高行驶速度（km/h）	15～20	5～10	5～10
最低行驶速度（km/h）	10～20	10～15	10～15
最小转弯半径（m）	18	18	18

通常根据梁长、梁高、梁宽、梁重以及桥面宽度等实际需求进行运梁车选型，常选用低位承载结构，额定荷载重量应比节段梁重量稍大。在选型时，假定每个轮胎均匀受力，则每个轮胎受力为：

$$P_t = \frac{a+g}{n} \leqslant h \tag{4-4}$$

式中：a——梁的重量；

$\quad\quad g$——运梁车的重量；

$\quad\quad n$——轮胎数；

$\quad\quad h$——每个轮胎的最大承载重量。

（2）准备工作

①运梁车

a.安装场地应定在制梁场。

b.安装场地应开阔，长度不小于60m，宽度不小于20m。

c.安装前应对拼装场地进行平整、硬化处理。

d.安装场地应有排水措施。

e.起重机作业区域内应无高压线及其他电力线通过。

f.应对运梁车构件数量进行清点交接，保证数量无误，并堆放整齐。

g.对运梁车安装所需的辅助工具及材料进行清点交接，并对施工人员进行安装过程的技术和安全交底。

h.运梁车行走的路面需进行夯实处理，其中路面坡度纵坡应小于5%，横坡应小于4%。

②安装人员

a.所有安装人员必须经过安全培训并经考试合格取得机械操作合格证。

b.安装作业前不准饮酒。

c.安装作业人员进场施工作业时必须佩戴安全帽，高空作业系安全带，穿防滑鞋，以及其他安全保护设施。

d.安装作业人员应严格按照运梁车安装作业指导书进行施工。

e.安装人员在作业前、作业中、作业后必须严格执行所有安全措施以及安全警示。

f.与工作无关人员禁止进入运梁车安装现场，禁止在主梁上方往下随意扔物品。

g.禁止在照明条件不具备、能见度低的情况下进行安装作业。

h.安装作业人员在使用各种安装必需机具时，应严格遵照该机具的安全操作规程。

2）运梁车安装

（1）主梁

①当安装场地符合要求时，按照主梁尺寸在安装场地上放置枕木梁，并调整好位置。

②利用起重机将主梁连接起来，并调整主梁上下高差不超过5mm。按标记在各接口处找好对应的内外连接板，并穿定位销进行定位连接。其中单侧面定位销数量不少于螺栓孔数的1/4，且定位销必须均匀分布。

③打好定位销后，按照运梁车螺栓紧固扭矩要求将螺栓拧紧。其中紧固螺栓时，应注意气动扳手的旋转方向要与螺栓紧固方向一致。

④用扭矩扳手对导梁连接螺栓的紧固扭矩进行检测，并形成记录，其中同一部位或同一规格螺栓检测不得少于30%。然后，按照螺栓规格的要求，将扭矩值设定为扭矩扳手扭矩值，当用扭矩扳手紧固螺栓时发出"咔"的清脆声，则证明螺栓紧固到位。

⑤将主梁之间的电气、液压、气动管路、线路按照标识号连接起来，且注意保证液、

气管路接头的清洁程度符合技术要求。

（2）横梁、悬挂、轮组

①将吊带放置在横梁两端，从而把横梁、悬挂、轮组等整体吊起，使横梁的连接法兰与主梁的连接法兰贴合。

②采用螺栓进行对正，其中螺栓采用力矩扳手拧紧，且拧紧力矩应符合图纸要求。

③将横梁、悬挂、轮组等与主梁之间的液、气管路按照标识号连接起来，且在连接前，需对接头进行清洁。

④将转向液压缸按标识与悬挂转向板、主梁上的支座进行连接，同时把液压缸的管路连接好，连接前接头的清洁要求同上。采用同样的方法将所有的横梁、悬挂、轮组单元装配好。

（3）发动机组

①利用起重机将动力仓连同驾驶室一起吊起并与主梁连接处对正，再采用螺栓将主梁和动力仓进行连接。

②将动力仓与主梁之间液、气、电的管路、线路连接好，连接前需对接头进行清洁。

（4）前、后驾驶室

①先将前驾驶室的转向机构与主梁连接安装好并接好转向液压缸的油路，进行接头的清洁。然后，利用起重机将前驾驶室吊起，并与转向连接座进行连接。

②采用同样的方式将后驾驶室与主梁进行连接。

（5）转向液压缸

①按标识将转向液压缸与悬挂转向板、主梁上的支座进行连接。

②将液压缸的管路连接好，并清洁接头。

③采用同样的方法将其余转向液压缸安装好。

（6）移梁小车

①将移梁小车吊至车顶轨道上，并插上定位销进行固定。

②安装电缆卷筒并接线。

（7）电气系统

①应按照车体→动力仓→各种管线→悬挂→车头的顺序进行安装。

②装线缆及插接件时应先做好标记，所有插接件均要对号入座。

③车头中每根管、线都要一一对应，当所有线缆全部接完后，需进行全面检查。

④整车全部安装完成后，应进行加电试验，观察灯光、空调以及显示器等是否运转正常。当检查通过后，再分别启动所有发动机，观察油门、气路、电路等是否正常。

⑤各悬挂上的插接件需在其所有管线及螺丝都紧固完成后，确定其不再松动时，方可插上。

⑥两车头的插接件需在全部安装到位后，方可穿管接线。

调试前检查：

①检查各部位安装是否正确，连接是否可靠。

②检查电气、液压系统的接线、管路连接是否完整。

③检查控制单元是否正常。

④检查液压油、燃料油、润滑油是否充足。

⑤检查有无妨碍各种机构工作的障碍物。

⑥检查各操作手柄、按钮的按动是否灵活并处于开机状态。

⑦检查安全防护装置是否灵敏可靠。

⑧检查各螺栓是否达到规定扭矩。

（8）调试

启动动力系统使整车处于运转状态，同时检查整车的液压、气动、电气系统是否运转正常，液压、气动管路接头是否有泄漏，如果一切正常，即可进入试车阶段。

（9）试车

①启动发动机观察各油路是否漏油，并对转向液压缸进行排气，其中每个液压缸进行两次循环。

②检查驱动轮空转时是否正常，并启动支撑液压缸，将运梁车整体垫高30cm，观察一段时间看是否漏油。

③将驱动轮的支撑座去掉，使驱动轮落地。试车时先慢速走行一定距离，然后测试刹车的制动情况，再正常加速到中速、高速，如果三挡速度都有，则表明运梁车驱动情况良好。

④分别调试单点升降和整车升降。

⑤调试托梁小车的前进、后退、单动、同步运转等功能。

⑥在标准路面上进行举升、各种转向模式、前进后退的综合调试，直到达到设计要求。

3）运梁车拆卸

（1）拆除原则

①拆卸场地应开阔，长度不应小于60m，宽度不应小于15m。

②拆卸场地应压实、填平。

③拆卸场地不平度在60m范围内不应大于150mm。

④拆卸场地内应有排水措施。

⑤拆卸场地内应无高压线及其他电力线通过。

（2）拆卸步骤

①运梁车停稳后，先将悬挂升到最高位置，并在每节主梁下面垫上两堆枕木。然后将梁车落到枕木上并保持良好接触，继续降悬挂使悬挂收到最小位置，其中悬挂均用钢丝绳吊起来。

②放置枕木。

③发动机停止工作，并将液压油箱里的液压油抽干净。

④松开托梁小车的链条，将托梁小车和承梁台吊下来。

⑤将横梁与主梁连接的油管、气管、电气系统插头拆分开，两头均用塑料布和白布包好并用防水胶布缠紧，然后在接头两侧贴好标签。

⑥将支腿液压缸与主梁连接处的软管和硬管拆分开并两头包好，做好相同的记号；同时电气系统接头处也拆分开，做好记号。

　　⑦当所有转向液压缸均收到底部时，将转向液压缸与转向多路阀之间的软管拆分开并两头包好，做好记号，然后将阀上的接头和液压缸的接处均包好并拆下液压缸。

　　⑧将动力舱与主梁连接的油管拆分开并包裹好，其中硬管和软管两面均要做好记号。

　　⑨利用汽车起重机分别拆下副驾驶室、动力舱和支腿横梁。

　　⑩利用汽车起重机将悬挂总成依次拆下来。悬挂拆完后，再拆主梁连接处的油管并将油管硬管和软管包好，做好记号，然后将其整齐放到指定位置，下面放上塑料布，并将管道进行分类。

　　⑪利用汽车起重机拆卸主梁。

　　⑫对拆卸下来的液压系统、电气系统、钢结构部件进行清点记录，摆放整齐，为运输做好准备。

4.3.3　湿拼法施工

　　湿拼法是指在节段之间预留钢筋混凝土进行连接的拼装方法，其具体施工流程如图 4-4 所示。

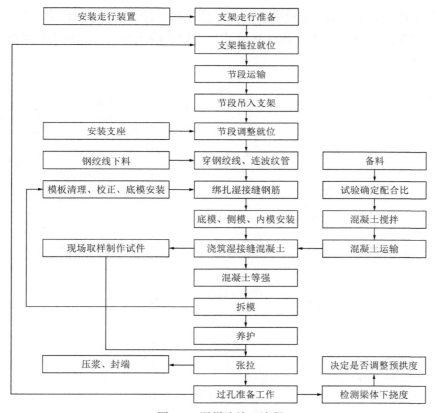

图 4-4　湿拼法施工流程

1）移动支架

（1）移动支架施工

为便于理解，以一预制拼装桥梁中某两跨为例，对于其中第 2 跨（第 1 跨类似），假定

其划分为 N 个节段，且回转天车位于第 k 段。移动支架施工主要包括以下步骤：

①移动支架过孔。过孔到位后，先支撑好移动支架中后腿，做好架梁前准备工作，如图 4-5a）所示。此外，为保障施工安全，从梁段下放完至张拉期间，应起顶前支腿到走行高度，且梁段下放前中支腿拉撑须拆除。

②将支座垫石凿毛，超高程，安放支座（小里程固定支座，大里程纵向活动支座），摆放好沙箱，通过测量调整沙箱顶部高程至梁底设计位置高程。运梁车将端头节段运输到移动支架尾部，用移动支架内回转天车将梁段吊放至设计位置，将支座螺栓与梁底预埋件上紧，如图 4-5b）所示。以第 1 段和第 N 段串中线，确定其余梁段摆放位置。

③依次安装跨中左侧各节段（第 2 段~第 $N/2$ 段）至设计位置，利用扁担梁和吊杆悬吊于桁内纵梁上后，关闭跨中活门，如图 4-5c）所示。

④依次安装第 $(N/2+1)$ 段~第 $(k-2)$ 段、第 $(k+2)$ 段~第 $(N-1)$ 段至设计位置，悬吊于纵梁上，下放第 $(k-1)$ 段和第 $(k+2)$ 段，第 $(k-1)$ 段向第 $(k-2)$ 段移动并紧贴，第 $(k+2)$ 段向第 $(k+1)$ 段移动并紧贴，利用长吊杆悬吊于纵梁上，吊装第 k 段至设计位置悬吊于纵梁上之后，再将第 $(k-1)$ 段和第 $(k+1)$ 段分别提至设计位置悬吊于纵梁上，如图 4-5d）所示。

⑤预制节段安装到位后，通过回转天车调整预制节段线形，穿预应力、绑扎湿接缝钢筋、立模、浇筑湿接缝混凝土，待达到设计要求后张拉预应力，完成本孔梁的架设，如图 4-5e）所示。

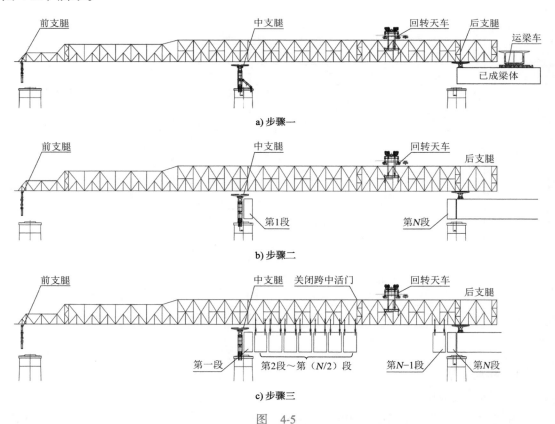

a) 步骤一

b) 步骤二

c) 步骤三

图 4-5

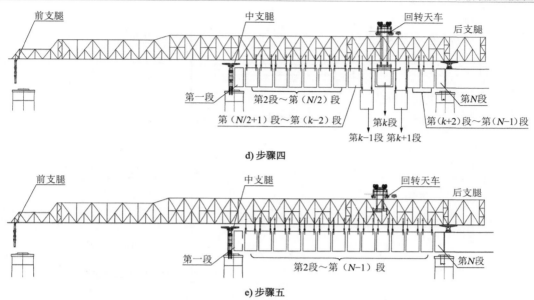

d) 步骤四

e) 步骤五

图 4-5　移动支架架梁步骤示意图

（2）移动支架过孔

利用卷扬机作为纵移动力，拖拉移动支架前移，其中每孔梁架设完后都需要对支架进行横移之后再过孔。移动支架过孔主要包括以下步骤：

①以圆曲线上过孔为例，当某跨梁一期张拉完毕后，拆除扁担梁，打开挂架，在梁面上放中线延伸至尾梁，并按设计要求放出后支点小车轨道线并铺设钢轨，如图 4-6a）所示。

②以后支腿 A 点或中支腿 B 点为轴，在中支腿 B 点或后支腿 A 点驱动液压缸对梁段进行微调（横移和转动），以达到设计位置，如图 4-6b）所示。

③在后支腿位置顶起支架，安装后支点小车，中支腿、前支腿位置顶起支架，如图 4-6c）所示。

④利用天车倒运后支腿到架设位置，倒运中支腿至前方桥墩垫石上锚固，如图 4-6d）所示。

⑤以中后支腿滚轮箱和后支点小车为拖拉支点，驱动卷扬机将支架拖拉到位，进入架梁状态，如图 4-6e）所示。

⑥拆除后支点小车，以中支腿为轴，后支腿位置驱动液压缸对梁段进行微调，移动支架支撑在后支腿、中支腿滚轮箱的垫块上，进入造桥状态。

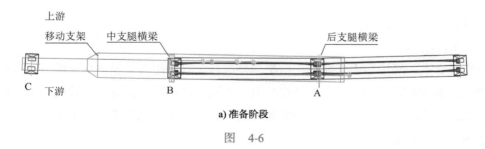

a) 准备阶段

图　4-6

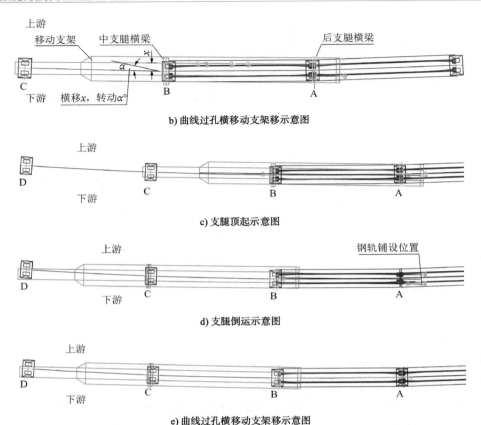

b) 曲线过孔横移动支架移示意图

c) 支腿顶起示意图

d) 支腿倒运示意图

e) 曲线过孔横移动支架移示意图

图 4-6　移动支架过孔步骤示意图

2）节段运输、吊装、调位

（1）梁段起吊、运输、安装

梁段由存梁区通过运梁车走便道运送至支架尾部，通过移动支架天车将梁段提起运送摆放至设计位置。

（2）梁段组拼顺序

根据实际施工顺序，依次对各节梁段进行组拼。

（3）梁段就位

梁段就位包括纵向、横向和竖向三个方向的调位，在施工中按照纵向调整→横向调整→竖向调整→纵向调整→横向调整→竖向调整的次序反复循环调整，直至达到设计要求。

3）钢绞线、连波纹管

（1）钢绞线

钢绞线穿束一般按照由上向下、由里向外进行，宜采用人工整体穿束的方式进行。穿束过程中，应随时观察和调整预先插在孔道中的波纹管位置，以避免钢绞线端部将波纹管拉坏。此外，为防止钢绞线缠绕，应事先使钢绞线通过工作锚具类似的加工件，以保证钢绞线顺畅地通过孔道。

（2）连波纹管

钢绞线穿好后，将插在孔道内的波纹管拉出并连通孔道，两头采用砂浆密封，然后检查所有波纹管有无损坏，如有应立刻更换。

4）湿接缝施工

湿接缝混凝土按底板、两侧腹板、顶板的顺序进行浇筑，中间不停顿。浇筑混凝土时应对称进行，依次从两端向中间浇筑。此外，当混凝土强度到达设计强度的 70% 后，方可拔出对拉螺杆，拆除内外模板。

5）钢绞线张拉

（1）设备标定

千斤顶和精密压力表在张拉前必须进行校正和配套标定，校正系数不得大于 1.05。校正有效期为一个月且不超过 300 次张拉作业，拆修更换配件的千斤顶必须重新校正。标定时，对油泵和压力表进行配对编号，现场使用时按此编号组配。

（2）钢绞线下料

根据孔道计算长度、锚头高度、千斤顶支撑点至尾部工具锚间长度、工具锚外富余量等综合因素进行钢绞线下料，主要从成卷钢绞线中截取。

需说明的是，钢绞线下料场地可在已成梁的梁顶上，也可在移动支架前导梁工作平台上。

（3）钢束张拉

两端应对称、同步张拉（即四台张拉千斤顶同时工作），并采用控制张拉力为主，伸长量为辅的双控法进行施工。张拉顺序为：张拉初始应力（10%设计值）→第二次张拉吨位（50%设计值）→设计值（100%设计值）→保持荷载五分钟→回油至零。完成后，将三次的伸长值都记录下来，并计算最终伸长量。

6）预应力孔道的压浆

预应力孔道通常采用真空辅助压浆工艺进行压浆。压浆前，先用真空泵抽吸预应力孔道中的空气，使孔道内的真空度达到负压。然后在孔道内另一端放置压浆泵，以一定的压力将搅拌好的水泥浆体压入预应力孔道并产生压力。此时，孔道内只有极少量空气，浆体中很难形成气泡且由于孔道内和压浆泵之间的正负压力差，大大提高了孔道内浆体的饱满度和密实度。

7）封端

在所有孔道完成压浆后，对梁体端部进行凿毛、清理，并绑扎封端钢筋，立封端模板，灌注封端混凝土。封端宜采用补偿收缩混凝土，封端后对新老混凝土接合面进行防水处理。在此基础上，对梁端进行凿毛，以清除混凝土表层的浮浆（以露出石子且无光滑面为标准），从而避免浮浆破坏梁端的混凝土，其中凿毛面距离梁端至少 1cm。

4.3.4　干拼法施工

干拼法是在梁段之间采用专业的混凝土黏结剂进行连接的拼装方法，其具体施工流程如图 4-7 所示。

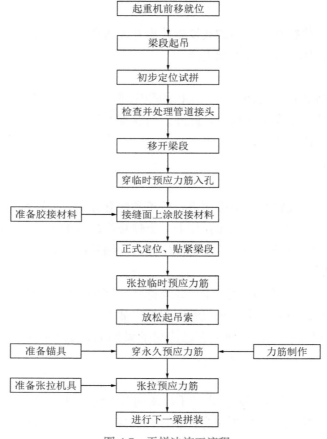

图 4-7　干拼法施工流程

值得注意的是，预制梁拼装前，首先应进行检验。检验内容主要包括吊装孔、吊索等的大小及位置是否满足要求，如有问题应及时处理，防止架设时无法拼装。同时检查梁段的端面是否洁净，当有污泥和灰尘时应及时进行清理和清洗。

1）架桥机

按 4.3.1 节进行架桥机的现场拼装、调试等，确保架桥机在拼装过程中始终能稳定工作。

2）支座安装

支座安装前，先将地脚螺栓按设计位置放入支座垫石预留孔内，并采用定位框架定位，注浆固定，当注浆料完全凝固后，再拧紧螺母。

支座安装时应注意以下几点：

（1）支座顺桥向的中心线必须与主梁的中心线平行，上下座板横桥向的中心线应根据安装时的温度计算其错开的距离，且错开后，上下座板的中心线应平行。

（2）支座安装时，支座平面的四角高差不得大于 2mm。

（3）注浆时，应保证没有空隙。

（4）上座板与预埋件焊接时，应采用跳跃式断续的焊接方法，逐步焊满周边。

3）吊装

利用提升机吊取梁段至运梁车上，运梁车自行到架桥机尾部，通过回转天车提升梁段运至指定位置，旋转天车通过下降、旋转、纵移将梁段按一定的顺序摆放在悬吊系统上。

梁段宜采用四点悬挂的方式进行吊挂，其中扁担梁与吊挂横梁采用铰轴连接，并采用精轧螺纹钢筋作为吊杆，分布在主梁内侧，当整机纵移时，再将吊杆抽出放到主箱梁内部。

吊装组拼时应注意以下几点：

（1）连接座应反扣在吊挂梁上并可以滑动。

（2）改变挂座与吊挂梁的相对位置时，应先将钢筋上的螺母拧松，再推动挂座移动，调整到位后再锁紧螺母。

（3）梁段的吊挂应严格按照顺序进行。

4）运梁

梁段养护龄期达到设计规定龄期且强度达到 90%后方可吊运。吊装作业时，先使用提升机将梁段吊装至运梁车上，再利用运梁车进行运输，其中梁段运输过程须有专人指挥，指挥与运梁车司机配备对讲机，运梁车运行速度应低于 5km/h，严禁司机猛踩油门，急点刹车。

5）梁段安装

在安装某跨梁时，大里程侧支座安装完成后，先吊装靠近支座的梁段，复核支座与梁跨中心线无误后，下放此梁段，并利用螺栓将支座与梁底支座预埋板进行栓接。小里程侧支座安装完成后，先将首个梁段吊装过来，并置于沙箱上，不与支座进行栓接。然后按顺序对称吊装各梁段，以保证架桥机的受力均匀。

安装时，应时刻注意不同梁段之间的距离，防止梁段相互碰撞。天车走行时应严格控制走行速度，严禁快起、急停，天车下放梁段时应慢放、慢转。

6）梁段定位

为实现梁段的精确定位，在张拉临时预应力前，首先应对预制厂提供的梁段控制点坐标进行转换，并利用水准仪和全站仪，按照转换后控制点坐标确定梁段的空间位置，确保每一孔每一节段梁的准确安装。

需说明的是，由于第一块节段是整跨的起点，其安装质量直接影响整跨的线形及高程，因此在安装时必须进行定位控制，主要包括以下几个方面：

（1）里程控制：悬挂梁沿架桥机主梁的纵向进行移动，使其里程到达设计要求。

（2）轴线控制：在已完成的桥面上设置轴向控制点，并采用经纬仪校核梁段的轴线。当梁段轴线出现偏差时，利用悬挂梁上的水平千斤顶将梁段调整至正确位置。

（3）高程控制：调整悬挂梁上的竖向千斤顶，使梁段的高程控制点到达设计要求。

7）试拼

为保证各梁段拼接面高程、倾斜度一致，减少涂胶后梁段位置的调节时间，因此在涂胶前，先进行试拼装。试拼时，先调整待拼梁段的高程，将梁段拼接面靠拢，保证梁段拼接面完全匹配；然后，检查梁段高程、中线和匹配面的情况，以及预应力孔道接头的对位情况，临时预应力钢筋及张拉设备是否完善等。

试拼完成后，将梁段移开 0.4～0.5m（便于后续涂胶），此时除纵向需进行平移外，梁段的高程和倾斜度不应进行调整。

8）胶接施工

（1）拌胶及涂胶

通常采用环氧树脂进行梁段的拼接。施工时，首先将环氧树脂在约 400 转/min 状态下搅拌 2～3min，直至颜色均匀，其中搅拌过程中尽量避免进入空气，尽量使用扁平工具拌胶，便于散热延长使用时间。其次，使用刮刀从下向上均匀涂刷，当需要加快进度时，可分为几个工作面同时进行涂胶，涂胶厚度为 2～3mm。最后，对混凝土凹进的部分进行填平，在涂刷过程以及拼装完成后的 2h 内采取一定保护措施，防止雨水侵入和阳光照射。

值得注意的是，在常温条件下，拌制完的环氧树脂宜在 45min 内涂刷完毕，90min 内进行拼接。涂胶的混凝土表面温度不宜低于 5℃，否则须采取加温措施。涂胶时应先取 2 组试件，与梁体胶拼面同条件养护，以便于后期进行检查和调整。

（2）涂胶工艺要求

①涂胶前，清除拼接面上的污物、油迹、浮浆等。

②检查机具设备的性能是否良好，并准备安全牢固的涂胶脚手架。

③提前制定防雨、防晒等措施。

④拼接面涂胶应从下向上均匀进行，并采用钢制刮刀或类似工具刮涂，以保证涂胶厚度均匀。

⑤单面涂胶时，涂刷胶水应至少厚 3mm；双面施工时，涂刷胶水应至少厚 2mm 且不得出现断胶现象。

9）临时预应力张拉

在环氧树脂涂刷完成后，先安装预应力管道密封圈，再移动待拼装的梁段，对位进行拼接。

临时预应力的张拉分为预张拉、初张拉和终张拉三个阶段，当设计有特殊规定时按照规定实施；当设计无特殊规定时，宜采用两端同步张拉的方式进行，并保持两端的伸长量基本一致，同时采用油压表读数为主，预应力筋伸长量为辅的方式进行校核。

10）支座灌浆

当支座与梁底垫石完成连接，所有梁段临时预应力张拉完毕并检查无误后，再进行支座灌浆、锚固。

灌浆时，先在支座底板边缘外围 5cm 处立模，再将角钢作为模板进行灌浆，其中灌浆材料宜采用高强干硬性无收缩砂浆，并严格按照使用说明进行拌制。此外，灌浆应从支座的一侧向另一侧进行，直至灌浆材料全部灌满，灌浆高度宜高于支座底板下缘 10～20mm。

11）永久预应力张拉

（1）张拉顺序

永久预应力应按设计张拉顺序、钢束的张拉吨位进行张拉，张拉时采用双控，一般张拉顺序：张拉初始应力并进行标记→逐级加载至设计张拉力→测量伸长量→保持荷载5min→回油至零→锚固。

值得注意的是，张拉前应先进行管道摩阻、锚口摩阻等试验，便于实际钢束伸长量与计算值不符时进行调整，以指导和控制预应力的张拉施工。

（2）注意事项

①张拉开始前，应先对预应力设备的操作人员进行培训，以保证张拉的质量。

②张拉时，混凝土强度不应低于规定值，张拉顺序应符合设计要求，同时根据设计要求放松部分梁段的吊杆，直至所有钢束张拉完毕。

③梁段两侧腹板应对称张拉，其中不平衡束不应超过一束。同束钢绞线应从两端对称、同步张拉，且千斤顶的提升、降压速度应相近。

④张拉过程中宜采用张拉力和伸长量的双控模式，即以张拉力控制为主，伸长值校核为辅。实际张拉伸长量与理论伸长量的误差应小于 6%，每端钢丝的回缩量应小于 6mm。

⑤每束钢绞线中单根钢绞线内的断丝或滑丝不应超过一丝，每个断面断丝不超过该断面钢丝总数的 1%。

12）孔道压浆、封端

（1）孔道压浆

预应力孔道通常采用真空压浆技术进行压浆。当一跨的所有预应力束张拉完成后，宜在 2d 内完成压浆，其中压浆材料应具有无收缩、防腐等特性，在压浆前应清除孔道内的杂物和积水并保证压入孔道的水泥浆饱满密实。

（2）封端

孔道压浆完成后，应立即将梁端水泥浆冲洗干净，同时清除支撑垫板、锚具及端面混凝土上的污垢并对端面混凝土进行凿毛，以便于浇筑封端混凝土，其中封端混凝土的强度等级应与梁段混凝土相同。

13）接缝处理

由于梁段拼装过程中存在较多施工缝，各梁段之间的施工缝需严格按照规范和设计的要求进行处理，具体如下：

（1）所有的接缝面必须洁净，除去油污等杂质。混凝土表面应尽量平整，疏松表面层及附着的水泥应清除干净，涂胶前表面要干燥或烘干。

（2）涂胶时应均匀，厚度控制在 0.5～1.0mm 为宜，以保证有多余环氧树脂从接缝中被挤出，并利用挤出的胶水调整拼装时的上翘和低头现象。此外，胶剂的保存、有效期、搅拌方法及时间等均应符合相关规定，涂刷时应严格控制湿度等相关指标，以保证梁段能与外界隔离。

（3）胶结强度不应低于梁段混凝土的强度，其中初步固化时间应小于 2h，完全固化时间应小于 24h，确保涂胶、加压等工序在固化前完成。同时胶接缝挤紧的预应力（挤压）应小于 0.20MPa，宜在 3h 内完成。

（4）梁段架设时，应在接缝完全闭合后方可施加预应力。

（5）涂胶人员在施工过程中应具有防护措施。

14）架桥机过孔

封端后，利用工作小车上的纵向推进液压缸将架桥机从一跨推进至另一跨。架桥机在移动前，应先检查主梁、推进台车是否解除约束，清洁滑板及滑道面并补充黄油，检查起重机停泊位置是否正确，主梁与鼻梁是否对梁段存在干扰，前托架是否张拉到位。

架桥机在推进过程中，起重机应始终停放在墩柱上。架桥机前移时，由指挥员发出移机指令，在每个支撑托架上安排人员负责监视主梁、鼻梁移动情况及清洁滑道、涂抹黄油，所有人员必须服从指挥员的指令。

4.4 质量与安全保证措施

4.4.1 质量保证措施

（1）移动支架就位后应严格检查支架的中线及水平度，中心线与桥梁的中心线应保持一致。

（2）组装湿拼缝前，应先将所有梁段吊装到位，再利用千斤顶进行精调，直至线形满足设计和规范要求后，再浇筑接缝处的混凝土。

（3）预应力张拉时，应严格按设计要求的指标控制，保证张拉到位。

（4）应根据架桥机的设计挠度曲线与设计院提供的每孔梁设计预拱度综合确定施工现场预拱度。

（5）预应力钢绞线应分批次张拉，一期张拉时分三次回落支承丝杆，防止梁段上部混凝土开裂。在施工中，丝杠应分三次进行调整，并根据架桥机自重下的挠度、承受梁重下的挠度以及梁段的设计预拱度确定丝杠每次调整高度，调整应从中间向梁端进行。

（6）应对已完成张拉的梁段进行监控，张拉前后应测量梁段的下挠，并定期进行复测，根据监控结果对待拼装梁段的预拱度进行调整。

4.4.2 安全保证措施

1）移动支架

（1）移动支架应按现行国家标准《起重机械安全规程 第5部分：桥式和门式起重机》（GB/T 6067.5—2014）的规定安装超载限制器、缓冲器、制动器、止轮器等安全装置。

（2）移动支架在使用时，应进行全面检查，按不同工况进行试运转和试吊，确认符合要求并签证后，方可投入使用。

（3）移动支架在使用前，要参考移动支架的施工工艺，并据以组织实施。架梁前，应编制详尽的施工方案、施工工艺和安全操作细则，认真组织实施并应建立完善的检修、保养制度。

（4）移动支架前移和就位后，应严格检查各项锚固措施是否已经完成。梁段吊装时，应有专人进行指挥。架梁作业时，应布设安全网并采取必要的警示措施。

（5）梁段起重作业指挥人员和操作人员位置要得当，防止梁段有较大摆动时被挤伤、坠落。在移梁小车运梁时要有专人跟踪，防止有挂、卡、擦等现象。

（6）移动支架前移过程中，组织工作要严密，做到统一指挥，明确联络信号。每个支腿及锚固点派安全观察员，发现偏移及时纠正，前方墩上要有仪器测控，移动支架底下，不得站人。

（7）预应力张拉作业，未经训练的人员不得操作，所有千斤顶和油表在使用前均应进行标定和校正。夹片在使用前必须逐个检查，用于工具锚的锚具使用后单独存放。

（8）张拉现场应设有明显标记，严禁非工作人员进场，张拉时工作人员应在恰当位置，不应站在锚头正面。应有专人观察张拉过程，发现异常及时处理。

（9）做好架设完成桥梁梁面的临边防护工作。在进行湿拼缝施工时，需要对施工平台增加安全防护，施工人员要佩戴安全带。

2）大风环境施工

针对移动支架大型设备的特点及不同季节气候的影响，在高空防风工作方面，首先在硬件设施上把好质量关，做好预防、检查工作；其次加强员工队伍的防风防范意识，做好思想工作；最后确定好责任区，抓好落实工作。

移动支架防风安全装置应定期检查及调整。

（1）移动支架中支腿、后支腿处的固定是移动支架防风环节上不可或缺的，也是最常用的措施，对其检查为一月一次，由检修班负责调试维护，以确保使用可靠。

（2）滚轮箱与支腿的固定连杆是有效连接移动支架和支腿的固定装置，要定期检查损坏程度并及时更新、更换；必须保证连杆连接数量和正确的连接方式，检查螺栓的紧固程度。

（3）大风来临之前，对移动支架上主要设备，如高耸独立的天车、挂架、未装好的钢筋、模板、临时设施等，进行检查、处置并临时进行加固；堆放在高空移动支架的小型机具、零星材料要堆放加固好，不能固定的东西要及时搬到安全平台。大风影响期间，停止施工作业，切断电源，严密监控工地移动支架设备和机械设备等的安全状况，采取相应的防风加固等安全防护措施。大风过后，要立即对模板、钢筋，特别是挂架、电源线路进行仔细检查，发现问题要及时处理。

3）梁段吊装、运输

（1）梁段吊装

①吊装前，应检查安全技术措施及安全防护设施等准备工作是否齐备，检查机具设备、构件的重量、长度及吊点位置等是否符合设计要求。

②施工所需的脚手架、作业平台、防护栏杆、安全网等必须齐备。

③旧钢丝绳在使用前，应检查其破损程度，其中每一节距内折断的钢丝数量不得超过5%。

④吊装前应按设计吊重进行试吊，确定无误后方可进行正式吊装作业。

⑤遇有大风及雷雨等恶劣天气时，应停止吊装作业。

⑥应遵循"五不吊"原则：指挥手势或信号不清不吊；重量、重心不明不吊；超载不吊；视线不明不吊；捆绑不牢、挂钩方法不对不吊。

（2）运梁车

①启动前应检查灯光、喇叭、指示仪表等是否齐全完整；燃油、润滑油、冷却水等是否添加充足；各连接件不得松动；轮胎气压应符合要求，确认无误后方可启动。

②起步前，车旁及车下应无障碍物及人员。

③行驶中，应随时观察仪表的指示情况，当发现机油压力低于规定值，水温过高或有异响、异味等异常情况时，应立即停车检查，排除故障后方可继续运行。

④应根据车速与前车保持适当的安全距离，选择较好路面行进，应避让石块、铁钉或其他尖锐铁器。遇有凹坑、明沟或穿越铁路时，应提前减速，缓慢通过。

⑤上、下坡应提前换入低速挡，不得中途换挡。下坡时，应以内燃机阻力控制车速，必要时可间歇轻踏制动器，严禁踏离合器或空挡滑行。

⑥在车底进行保养、检修时，应将内燃机熄火、拉紧手制动器并将车轮楔牢。

⑦车辆经修理后需要试车时，应由相关人员驾驶车辆且车辆上不得载人、载物，当需在道路上行车时，应持有交通管理部门颁发的试车牌照。

⑧车厢举升后需进行检修、润滑等作业时，应将车厢支撑牢靠后，方可进入车厢下面工作。

（3）临边防护

架梁时，施工作业面必须设置临时防护栏，主要制定以下安全保证措施：

①架桥机上下通道，人员通道均应安装固定式防护栏杆。

②架梁时，施工作业面需安装防护栏且防护栏杆安装时应充分考虑作业环境。

③栏杆高度不应低于1.2m，特殊位置不应低于1m。

④跨道路位置施工时，需设置防护栏杆，并在栏杆上加设密布网、踢脚板，以防止物体掉落。

（4）架梁

①架桥机必须在经过静载试验、动载试验且报备相关单位后方可投入使用。

②在架梁前，需检查架桥机的各动力机构和支撑结构的有效性，保证架梁过程中的安全。

③在架梁过程中，所有人员必须注意自身安全并配备必要的安全防护设备。

④架梁需由专业作业班组进行且各班组、各人员之间必须保持有效的沟通。

⑤梁段从运输车上向架桥机上转移的过程中，应注意天车的前移速度和运输小车之间的协同作业，确保梁段不发生倾覆。

⑥在架梁过程中，需要保证前后小车之间的操作同步。

⑦在架梁过程中，需做好梁段的临时支撑和相邻梁段之间的临时固结作业，保证已完成架设梁段的稳定性。

（5）架桥机吊装

①吊装前，应检查操作机、电、液系统是否可靠，各电机、制动器是否灵活可靠，空载情况下应校验各限位开关和行程开关。

②吊装时，当指挥人员发出的信号与操作人员不一致时，操作人员应发询问信号，在确认指挥信号与操作一致时，方能开始吊装。

③架桥机吊装时，应使用控制按钮操作，不得利用安全装置来停车且操作人员不能离开控制柜。

④架桥机在吊运梁段时，如果提升机构制动突然失灵或停电、发生电气故障，操作人员应立即发出信号，通知附近人员离开，迅速按动控制按钮反复起落梁段并安排检修人员检修。

⑤梁段吊装时，应受力均匀、平稳，不能忽起忽落；提升机构的钢丝绳应保持垂直；架桥机所承受的负荷不能超过其最大起重量。

⑥架桥机操作时，应有专人分别位于前后支架观察和监听，如果发现不正常现象或听到不正常声音时，应及时停车检查，排除故障，未找出原因时不能开车。

（6）架桥机定位与过孔

①前支腿液压缸支撑到位后，必须锁上销轴后方可过孔。

②架上下行纵坡时，需在每次过孔后调整前支点高于后支点 2～20cm。

③架桥机定位后，不得随意拆除受力的支撑钢管、葫芦、卡子、缆风等。

④每次梁落到位应稳定。

⑤架桥机过孔时，必须严格遵循方案中的操作程序进行作业，以防止发生倾覆。

⑥在架桥机的前中轨道安装时，必须调校其水平高差，确保架桥机在轨道上运行的稳定性。

⑦在架桥机过孔作业过程中，需要检查架桥机的动力系统，以保证架桥机的稳定施工。

⑧过孔时，需保证架桥机在每个工况下的状态满足设备操作的要求，保证过跨作业过程中的安全性。

（7）架桥机维护保养

①主梁

a.必须避免急剧地启动、制动，更不允许使用反车制动。

b.定期检查主梁和其他各部分的连接焊缝，发现裂纹应立即停止使用，实施重焊修复，经检验合格后方可继续使用。

c.当由于操作不当，造成主梁或其他构件有残余变形、失稳现象时，应立即停止使用，通知生产厂家或有资质的其他厂家查找原因并予以修复。

d.每年进行一次油漆保养，以防金属结构锈蚀。

e.当架桥机转场再次拼装前，必须进行全面保养和检测且须有维修、保养资质的单位进行，必须通知当地技术监督部门或厂家进行协助。

②主要部件

a.钢丝绳应根据规范要求定期润滑，润滑前应清除污垢。

b.轴承必须始终保持润滑状态，每年在冬、夏两季之前定期涂油，涂油前清洗干净，若发现温度高、噪声大，则须认真检查，若有损坏及时更换。

c.当发现车轮磨损超过原厚度的 15% 或有崩裂时，应及时更换，更换后车轮的工作直径在不均匀磨损后所产生的相对偏差，不得超过公称直径的 1/60。

d.减速机内不能缺油，应定期更换，发现异常及噪声及时检修。

e.起升机的制动器每天检查一次，运行机构的制动器 2～3d 检查一次，检查时注意制动系统各部分的动作是否灵活，表面有无损伤。

f.架桥机前后支腿、中支腿、反托及天车等部件的连接螺栓及连接焊缝，应每周检查，螺栓松动应及时上紧，发现有焊缝开裂等现象应停下及时修补。

③电器设备

a.经常保持电器设备的清洁，如电阻器、控制屏、接触器等，清除内外部的灰尘、污垢，防止漏电、击穿、短路等不良现象的发生。

  b.经常观察电动机转子滑线、电刷接触是否良好。

  c.电动机、电磁铁、继电器、电磁开关发出的声音是否正常。

  d.检查凸轮控制器、接触器是否有烧毛现象、如有应及时更换或用砂布磨平后再使用。

  e.使用条件恶劣时，应定期检测电动机、电线、绝缘电阻，注意电缆滑线绝缘与各项外壳接地。

  f.检查电器设备安装是否牢靠，是否有松动现象，活动部位是否转动灵活，做到经常检查，消除不良因素。

>>> 第**5**章

简支箱梁预制拼装施工监控技术

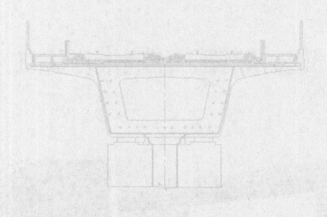

　　箱梁节段的预制拼装工序复杂，施工周期长，在模板安装、混凝土浇筑、移存梁以及预制梁拼装等施工阶段中结构与实际状态之间往往存在差异，导致成桥后主梁的线形与设计值存在偏差。线形监控指对预制拼装中各施工阶段进行实时线形监测、调整以及预测，保证桥梁始终处于正确的线形状态，其不仅是施工质量控制体系的重要组成部分，同时也是保证桥梁预制拼装质量的重要手段，对保证各施工及成桥阶段的安全具有重要意义。

　　本章首先对桥梁预制拼装中监控的目的、依据和内容等进行介绍。其次，阐述了预制拼装中常用的监控仪器和测点布设方式，主要包括主梁线形、应力及温度等。再次，对监控计算中涉及的计算内容、控制指标等进行了详细阐述，并分析了监控误差的来源，制定了相应的调整措施。最后，对施工监控中质量、安全保障措施进行了总结，从而保证成桥线形符合设计要求，为今后同类工程预制拼装施工监控提供借鉴参考。

▶▶ 5.1　监控目的及内容

5.1.1　监控目的

　　在桥梁预制拼装过程中，通过对结构关键部位或重要工序进行严格监测、控制，及时调整梁端立模高程、预拱度等参数，保证成桥后的结构线形满足设计要求。

5.1.2　监控依据

　　本桥施工监控主要依据以下规范、标准进行：
　　（1）《铁路混凝土工程施工技术规程》（Q/CR 9207—2017）。
　　（2）《铁路工程测量规范》（TB 10101—2018）。
　　（3）《铁路工程土工试验规程》（TB 10102—2023）。
　　（4）《高速铁路桥涵工程施工技术规程》（Q/CR 9603—2015）。
　　（5）《铁路工程基本作业施工安全技术规程》（TB 10301—2020）。
　　（6）《铁路桥涵工程施工安全技术规程》（TB 10303—2020）。
　　（7）《铁路工程施工组织设计规范》（Q/CR 9004—2018）。
　　（8）《高速铁路桥涵工程施工质量验收标准》（TB 10752—2018）。
　　（9）《预应力筋用锚具、夹具和连接器应用技术规程》（JGJ 85—2010）。
　　（10）《高速铁路预制后张法预应力混凝土简支梁》（GB/T 37439—2019）。
　　（11）《铁路后张法预应力混凝土梁管道压浆技术条件》（TB/T 3192—2008）。

5.1.3　监控内容

　　桥梁在预制拼装过程中，通常选取以下内容进行监控：
　　（1）线形
　　线形监控内容主要包括主梁高程、跨长，结构线形、变形、位移和主梁轴线偏位等。通过实时跟踪主梁在悬臂施工阶段及合龙过程中的变形，作为控制成桥线形的主要依据。

（2）应力、温度

应力、温度监控内容包括桥梁墩身、主梁控制截面。通过观察当前施工过程中关键截面应力、温度的变化及分布情况，预测后续施工的受力状态，从而及时对施工工艺进行调整。

5.2 监控方法

对于预制拼装桥梁，通常各施工阶段的受力状态往往达不到设计目标，因此如何准确制定调整措施成为关键。自适应控制指先利用施工中测量得到的结构响应来修正数值模型参数，确定各节段的预拱度，以保证数值模型接近实际结构。在此基础上，利用修正后的数值模型来指导后续施工，从而形成自适应控制系统，如图 5-1 所示。

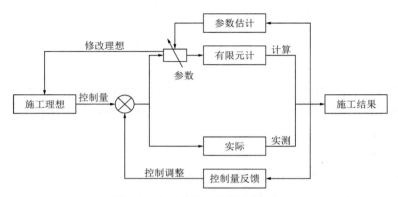

图 5-1 自适应施工控制基本原理

在实际操作中，当结构实测受力状态与数值模型计算结果偏差较大时，将两者误差值输入进行参数辨识，以修正数值模型的物理参数，以使修正后的模型输出响应接近实测结果。在此基础上，利用修正后的数值模型重新计算各施工阶段的理想状态，并经过反复辨识，保证数值模型逐步逼近真实结构，从而实现对施工状态更好地控制。

5.2.1 监控仪器

（1）主梁线形

为便于控制桥面线形，通常先在首块顶面设置基准控制点，并利用全站仪将桥址附近的已知基准坐标引至桥面基准点，测量主梁轴线。然后，采用精密水准仪测量主梁各节段控制点的高程，以实现各节段预拱度的精确控制，其中全站仪和水准仪的具体参数见表 5-1。

主梁线形监测仪器 表 5-1

序号	仪器名称	仪器精度	数量（台）	测量参数
1	全站仪	$1'' + 1.5\text{ppm}$	1	位移、结构线形
2	精密水准仪	测站高差中误差 < 0.2mm	1	位移、结构线形

（2）应力、温度

应力、温度测量通常选取测试精度高、抗干扰能力强、稳定性好的仪器，如图 5-2、表 5-2 所示。对于应力，常采用钢弦应变计进行测量，其是通过测试两端固定钢弦的频率，利用事先标定的钢弦频率与其应变的关系来计算混凝土的应变，再根据混凝土弹性模量换算出混凝土应力。在微幅振动条件下，钢弦自振频率与应力的关系如下：

$$f_{\mathrm{w}} = \frac{1}{2L}\sqrt{\frac{\sigma}{\rho}} \tag{5-1}$$

式中：f_{w}——钢弦的自振频率（Hz）；

L——钢弦的自由长度（m）；

σ——钢弦应力（MPa）；

ρ——钢弦的质量密度（kg/m³）。

式(5-1)可进一步改写为：

$$\sigma = k f_{\mathrm{w}}^2 \tag{5-2}$$

式中：k——常数。从式(5-2)可以看出，钢弦应力与其自振频率的平方成正比，常数 k 可通过标定求得。

钢弦应变计真实应变的变化量可参照下式进行计算：

$$\varepsilon = (\varepsilon_1 - \varepsilon_0) + (T_1 - T_0)(F_{\mathrm{w}} - F_{\mathrm{s}}) \tag{5-3}$$

式中：ε_1——传感器实测模数值的应变（με）；

ε_0——传感器基准模数值的应变（με）；

T_1——当前传感器测试温度（℃）；

T_0——初始温度（℃）；

F_{w}——钢弦线膨胀系数；

F_{s}——钢筋混凝土膨胀系数。

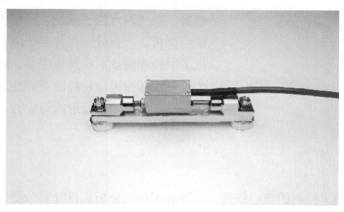

图 5-2　钢弦应变计

对于温度，常采用温度计进行测量，其具有温度误差小、性能稳定、抗干扰能力强等特点。

应力、温度监测仪器   表 5-2

序号	仪器名称	仪器精度	测量参数
1	应变计	1με	应变
2	温度计	测温范围：−45～+125℃； 测量精度：0.2℃	温度
3	振弦读数仪	800～4000Hz	温度、应变

5.2.2　测点布设

（1）主梁线形

通常在各施工节段前端布置 3 个对称的高程观测点，如图 5-3 所示，其不仅可以测量箱梁的挠度，同时也可以观测箱梁是否发生扭转变形。

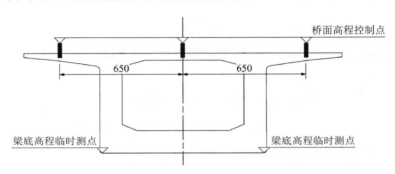

图 5-3　线形监测测点布置示意图（尺寸单位：cm）

值得注意的是，在施工时测点钢筋头应至少高出梁面 10mm，纵向距离前端约 10cm，并保证所有节段的测点钢筋头应在一直线上。

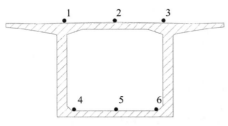

图 5-4　应变监测测点布置示意图

（2）应力、温度

在各孔梁的跨中、四分之一截面均布置应变传感器，应变测点位于顶板、底板顶面，其中在每个截面顶板、底板分别布置三个应变测点，顶板测点位于中线和两侧对称腹板中线，底板测点位于箱梁中线、两侧腹板与底板的交界处，如图 5-4 所示。

温度测点的布设形式与应力一致。

5.3　监控计算

监控计算是施工控制的核心依据，一般利用结构分析软件计算分析施工全过程、成桥状态的变形等，平面位于曲线段的桥梁还应额外考虑结构空间的扭转效应对变形的影响和施工阶段的划分。根据理论参数进行的监控计算成果应与设计计算结果比较分析，差别应在容许范围内。

5.3.1　计算内容

（1）施工过程预制安装线形计算及安全复核计算

利用现场采集的参数对桥梁施工过程进行结构预拱度计算，为梁段预制安装线形计算提供所需预拱度；同时对安全性进行复核计算，复核计算主要包括施工过程主梁应力、施工过程主梁稳定性等。

（2）施工控制误差分析及参数识别

施工控制过程中必然存在一定的误差，某些误差将会导致发散的结果，因此，应对施工控制反馈数据的误差进行误差分析，对误差形态进行定性，避免恶性误差的出现。通过对误差进行参数识别，找到造成误差的真正原因，从而制定出合理的误差解决策略。

（3）施工阶段参数敏感性分析计算

通过对结构施工阶段进行参数敏感性分析，确定影响主梁结构线形的敏感因素，在施工控制过程中，对其加以严格控制，确保主梁预制安装精度。

（4）施工控制实时计算

施工控制计算不可能一蹴而成，由于部分计算参数（如梁重、混凝土徐变等）无法在施工控制开始就精确确定下来，因此，施工控制过程必须根据实测的结构响应来对计算参数进行调整，以形成更为准确的计算模型，指导后期的施工。

5.3.2　计算模型

计算模型是施工监控计算的基础，首先应尽量真实模拟设计图纸的各个构造（包括截面和边界条件等），并对结构进行离散；然后，根据现场施工方案划分施工阶段，在划分施工阶段时应区分一般施工工况和重点施工工况，其中一般工况可在施工阶段中不单独列出，但重点工况必须有单独的施工阶段；最后，在施工计算前结合规范和经验取值，在施工过程中结合现场实测数据，进行参数的识别和修正。

5.3.3　计算参数

1）材料参数

（1）混凝土

一般根据结构设计资料选取，其中混凝土的徐变收缩参数参考《公路钢筋混凝土及预应力混凝土桥涵设计规范》（JTG 3362—2018）选取，构件的理论厚度按每个单元的实际截面特性计算，同时需考虑三年的混凝土收缩徐变时间。

（2）恒载

①一期恒载

混凝土重度一般按设计资料选取，在施工控制阶段，混凝土重度需要通过试验确定。

②二期恒载

二期恒载主要包括防水层、保护层、人行道栏杆、防护墙等附属设施重量，根据设计文件取值。

③预应力

按照设计图拟定的施工过程，分阶段张拉，并考虑损失效应。

④收缩及徐变作用

收缩、徐变按各自的计算周期考虑，主要参考《公路钢筋混凝土及预应力混凝土桥涵设计规范》（JTG 3362—2018）取值，强度发展模式参考欧洲混凝土协会和国际预应力混凝土协会规范（CEB-FIP）取值，并计算结构十年后的收缩徐变量。

⑤基础变位

墩台沉降差按设计值选取。

（3）施工荷载

根据设计图纸提供的资料，起重机、模板等临时荷载按实际考虑，当实际施工中超出重量要求，应重新计算。

节段拼装结束前，应考虑混凝土重量对主梁的线形的影响，并以集中力的方式加载到已施工梁段上。

（4）活载

活载主要包括标准活载、温度荷载等，按相关规范取值。

2）参数影响性分析和施工控制参数的确定

由于各种原因限制，实际结构的刚度、重量等参数可能会和最初拟定的参数有一定差别。利用计算模型计算分析采用不同的参数对施工控制目标的影响，掌握各种参数差别的影响。参数分析主要包括混凝土弹性模量、主梁节段重量、预应力参数、温度场等。根据各参数影响程度确定控制主要参数，作为施工控制过程小参数识别和分析的重点。

5.3.4 预制阶段计算

1）梁段预制流程

在每块梁段预制完毕后，该梁段的施工误差将会影响梁端匹配位置的过程，需比较匹配段各测点的实测值与计算值的差别，并提出匹配梁段各测点目标值。

在计算过程中，通过将结构划分成若干节段，考虑混凝土收缩、徐变、预拱度等因素，将成桥整体坐标转换为预制工厂局部坐标系后，在预制台座上以固定端模为基准，调整已生产相邻梁段（匹配梁段）的平面位置及高程，从而在预制台座的固定模板系统内逐节段匹配、预制。

2）梁段制造误差纠偏

梁段预制过程中主要是利用节段几何尺寸的改变所产生的转角效应，以达到竖向或水平线形调整的目的，即当节段顶板纵向长度大于底板长度，在节段拼装完成后，梁体线形将向上弯曲，反之向下；同理，当节段左侧长度大于右侧时，在节段拼装完成后，桥梁水平线形将向左弯曲，反之向右。

曲线桥梁一般可用梁上的一条参考线及在该条参考线上的横坡来描述其三维空间内的线形与姿态。通常，参考线取梁顶的中心线，而横坡即为对应于参考线之上截面顶缘的横坡。

考虑到节段预制时，通常取节段顶面中心线的长度作为预制长度，因此各节段顶面中心线组成的折线将形成梁体的线形；同时，节段之间接缝顶缘横线的坡度反映了桥梁的桥面横坡与节段姿态。于是，节段式曲线桥梁的线形与姿态可用图 5-5 表示。

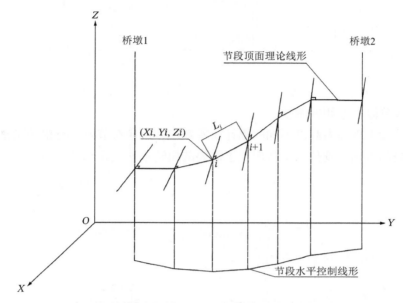

图 5-5　空间整体坐标系内节段式曲线梁桥的线形与姿态

（1）平曲线节段误差纠偏调整

将图 5-5 中所述的折线段投影至平面内，投影产生的折线段用来拟合平曲线，即以预制指令单控制点的 X、Y 坐标来控制平曲线。将节段从浇筑位置移动到匹配位置上，当控制点的 X、Y 坐标调整到位，也就形成了需要的平面折角 α（图 5-6）。新浇节段的端模位置不动并使其与节段轴线垂直，而新浇节段的匹配端面采用斜面，以便于钢筋骨架制作、剪力键设置和节段外形调整。

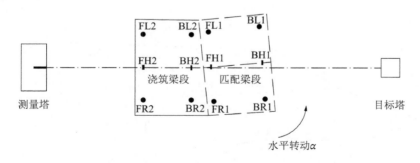

图 5-6　平曲线预制

（2）竖曲线节段误差纠偏调整

将折线段投影至立面内，投影产生的折线段用来拟合竖曲线，也即以预制指令单控制点的 Y、Z 坐标来控制竖曲线。将节段从浇筑位置移动到匹配位置上，当控制点的 Y、Z 坐标调整到位，也就形成了需要的立面折角 β（图 5-7）。

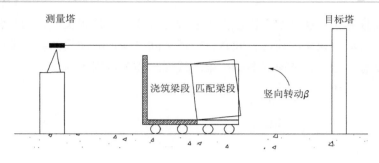

图 5-7　竖曲线预制

（3）扭转节段误差纠偏调整

为避免节段出现左右高度不同的累计误差效应，还应对节段进行扭转调整。按照（1）（2）节中将控制点调整到位，也就形成了需要的扭转角 γ（图 5-8）。

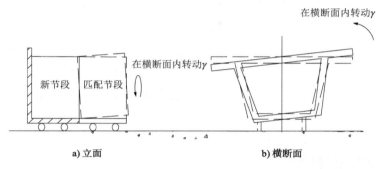

图 5-8　扭转调整预制

（4）测点布置

如图 5-9 所示，每一预制梁段设置六个控制测点。其沿节段中心线的两个测点（FH，BH）用来控制平面位置，而沿腹板设置的四个测点（PL、PR、BL、BR）用以控制高程。

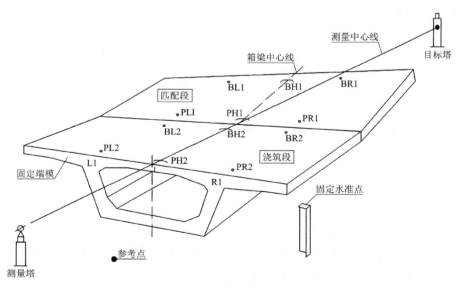

图 5-9　几何控制网示意图

在固定端模上缘也设置三个控制测点（LI、RI、I）。单元中心线由旋转在测量塔上的经纬仪和目标塔反光镜确定。在预制单元附近也要设置一固定水准点（BM），以对测量塔和目标塔进行校准。如果观测到测量中目标塔有偏移，应及时纠正。

3）预制测量精度要求

测量塔是预制线形控制的主要设施，必须满足"精度高、变形小、无明显沉降"的条件要求。测量塔建在预制单元的两端，它们位于预制单元的中线上并且垂直于固定端模。两测量塔控制点间连线与其所控制的预制台座上的待浇梁段的中轴线相重合。测量时，一个塔作测量塔，另一塔作目标塔。

（1）测量塔沉降及变形应满足测量精度要求，其中箱梁预制测量应能满足以下精度要求：

长度测量精确度在 0.5mm 以内；水准测量精确度在 0.5mm 以内；匹配段，沿中线的测点偏差小于 2mm；匹配段，沿腹板的测点偏差小于 1mm。

测量中建议采用如下仪器：

平面控制全站仪（精度为 $1'' + 1.5ppm$）。

高程控制水准仪（精度为 0.5mm）。

（2）预制节段各测点的允许误差

当箱梁从浇筑位置移至匹配位置前，测量工程师应将此梁段几何测点的测量结果输入计算模型中以确定已浇筑梁段在作为配合梁段时的目标位置（包括施工误差的纠正）。

4）预制过程的控制

施工监控主要是通过控制各预制节段在匹配时的空间位置，从而达到节段拼装后梁体的线形，以满足设计线形的要求。预制过程中的线形控制主要包括以下流程：

（1）测量及调整匹配节段的精确位置。调整时应有监督员在场，进行两组独立的测量并以平均值作为评价。

（2）预埋件必须在混凝土凝固前放置在灌注梁段的顶面上，同时进行测量。

（3）测量灌注梁段及匹配节段精确位置。调整时应有监督员在场，进行两组独立的测量并以平均值作为评价。

（4）将测量结果输入到计算模型，确定已灌注梁段在作为匹配节段时的位置（包括施工误差的纠正）。

重复以上（1）至（4）的步骤，直到整孔梁段预制完成。

5）复测与数据校核

测量人员按照监控单位提供的预制指令单进行节段匹配后，为了防止节段在匹配后发生移位，测量人员对每个节段在拼装前进行复测，确保节段梁控制点的测量值与匹配值在允许的误差范围内。

（1）起始节段测量数据记录

起始节段测量内容主要包括起标点高程、节段左右边长度等，且起始节段的测量数据必须在混凝土凝固后、节段移动前记录下来，并输入到计算模型中以计算出匹配段的位置。

（2）准浇筑节段测量数据记录

标准浇筑梁段的测量数据必须在混凝土凝固后、节段移动前记录下来。灌注梁段和匹配段的测量数据将输入到计算模型中以计算出下一个匹配段的位置，其中浇筑段测量数据主要包括测量控制点高程、灌注梁段左右边长度等，匹配段测量数据主要包括匹配段左右边长度。

（3）节段预制施工监控指令表

节段预制施工监控指令表中应包括起始节段现浇位置坐标、匹配节段目标位置、标准节段现浇位置坐标以及匹配节段目标值，同时给出匹配节段的实际位置。

5.3.5　拼装阶段计算

1）拼装阶段流程

在箱形梁段拼装过程中，拼装控制测点与其在预制时所用的几何控制测点相同。当箱梁在预制构件厂预制完毕时，预制箱形梁拼装时按总体坐标系统阶段式的目标几何数据：

（1）墩柱结构及基础预抬值。

（2）墩柱结构及基础施工阶段的变形值。

（3）上部桥梁结构的分阶段的变形值。

以上的总体坐标目标几何数据库将由监控单位提供给施工部门，对整个桥梁的拼装过程进行几何监控。

2）主梁节段控制点

预制场根据线路的设计参数（桥梁的平、竖曲线及理论预拱度设置）确定整体坐标系，在待安装节段顶面预埋轴线控制点和高程控制点。施工过程中，需要根据实际反馈测试结果进行调整。

3）安装阶段现场监控

在确定拼装节段理论目标值后，还需结合拼装现场实际情况对控制点位置进行校核。根据实践经验，具体应考虑以下几点：

（1）考虑架桥机的性能，确定起始节段的定位位置，保证节段拼装过程不冲出架桥机的范围，也不与架桥机发生冲突。节段预制完成后，在架桥机可操作的情况下，拼接2~3片梁边调整边定位，延长定位参考梁长，避免拼接过程误差放射现象。

（2）在每一节段定位前后都要对线形进行精确测量，及时汇集监控数据并进行分析，为下跨拼装提供参数，调整下一跨的控制高程。

4）调整措施

在梁段不需要调整的情况下，以上下、左右对称张拉为原则，以尽量保证梁段的正位；当需要调整线形误差时，张拉的顺序以先张拉能使梁段向控制方向偏转的临时拉杆为原则，以利于校正误差。

5）操作细则

在实际监控操作过程中，应该注意以下细则：

（1）测量塔、预制台座保持稳定，防止扰动和下沉。

（2）利用基准点，定期监测各观测点的位移和沉降，及时修补中线及高程系统的偏差，使之始终保持在测量控制精度以内。

（3）避免在高温时段或者 6 级以上大风条件下进行测量作业。

（4）定期通过预制场内的固定水准点复测测量塔及固定端模。

（5）对测量塔实行土工布包裹，防止阳光直射，避免阴阳面产生温差变形。

（6）在测量塔上搭设遮阳棚，避免阳光直射仪器。

（7）测量塔采用预应力混凝土管桩，四周采用混凝土包裹，减少地基沉降对测量塔的影响。

（8）观察时采用两人独立观测，获得两组独立数据，并取平均值，以降低测量误差，提高精度。

（9）采用高精度测量仪器，能够在超出测量精度要求的气象条件下提出警示，并自动停止工作。

（10）按测量规范规定定期对测量仪器进行检查和校正。

（11）对固定端模跑偏的情况，应当及时调整，避免造成初始误差。

5.4　监控误差分析

5.4.1　施工监控误差

尽管通过理论计算可以确定桥梁在各施工阶段的理想目标状态，但在实际施工中，结构的实际状态与理想状态往往存在差异，其按误差来源的不同可划分为设计参数误差（如材料特性、截面特性、重度等）、施工误差（如制作误差、架设误差、索的张拉力误差等）、测量误差以及施工偏差等。

（1）设计参数误差

设计参数误差指在设计阶段无法完全确定的参数误差，例如材料的弹性模量、结构的刚度、混凝土的收缩徐变、施工荷载等，由于计算模型中此类参数与实际值并不完全匹配，导致计算的理想状态以及施工控制参数（例如安装高程等）偏离真实值。

因此，在施工控制阶段，为保证计算模型能准确反映实际结构的受力状态，需利用实测的结构响应（例如位移等）与理论计算结果的差异来修正参数。

（2）测量误差

测量误差指由于仪器精度、测试手段、环境因素、操作人员等因素的影响，导致测试值与真实值之间存在差异。为消除此类误差的影响，通常采用滤波的方法，从实测数据中分离结构的真实响应。

（3）施工误差

施工误差指受施工技术、施工工艺等影响导致结构偏离设计目标，主要包括定位误差、预应力张拉误差等，需要采取一定的控制手段来调整此类误差，将误差降为最低。

5.4.2　误差调整措施

对于设计参数误差、施工误差以及测量误差，可采用以下方式进行调整：

（1）模板尺寸偏差、胀模

模板在制作过程中容易出现尺寸偏差，从而导致主梁截面尺寸不符合设计要求。因此在实际工程中，施工单位应严格按照设计图纸要求定制、安装模板，并在监理单位的监督指导下贯彻施工。

胀模指经过一段时间使用后，模板的尺寸会发生缩小现象，在施工过程中普遍存在，需在施工中合理把握混凝土坍落度，并提高模板的安装质量。

（2）混凝土弹性模量

由于混凝土配合比、张拉龄期等不同，容易导致混凝土弹性模量出现偏差，使得实测值与理论值存在误差，除了按照设计要求进行张拉外，还需对不同龄期混凝土的弹性模量进行测试，并根据测试结果来修正计算模型的参数。

（3）预应力钢束的张拉损失

预应力钢束张拉方式、时间的不同，会导致主梁应力发生较大变化，从而影响桥梁长期挠度，因此需要施工单位对预应力张拉设备进行准确、定期标定，并提高施工人员的个人技能素质。

5.4.3 异常处理

由于大跨桥梁结构及施工工艺较为复杂，在施工监控时应专门设置预警值，当结构实际响应的偏差超过预警值时，例如悬臂施工时各主梁段间的相对高差超限，监控方应立即发出停工令，并判断异常情况出现的原因，召开各方联席会议，对异常情况进行追根溯源，并提出相应的解决措施。

5.5 质量与安全保障措施

5.5.1 质量保证措施

1）结构安全验算

正式开始施工监控前，应根据施工图及施工方案建立结构的计算模型，并对结构进行全施工过程模拟。在此基础上，根据计算结果对桥梁结构在施工过程中的应力、变形以及承载能力等进行验算，同时从构造角度来检查预应力筋和普通钢筋的布置是否满足规范要求。

2）监控准备

（1）由设计方提供结构计算数据文件、图纸等，主要包括成桥状态下控制截面的内力和应力、桥面高程等。

（2）对施工方提出的施工工序、临时设备进行现场确认。

（3）对监控方提供的计算模型、计算参数等进行复核。

（4）对监控方提供的测点布设情况进行现场确认。

3）监控运行

（1）提醒并监督施工单位对测试组件进行预埋，以保证对控制截面参数的监测准确有效。

（2）在各施工阶段，对主梁的控制高程、基础沉降，各控制截面挠度、应力和温度等进行跟踪监测，同时与理论计算结果进行对比分析，当两者偏差较大或超出允许范围时，应停止施工，待查明原因并提出纠偏措施后，方可继续施工。

（3）应根据监测结果和理论计算结果，及时对施工方案进行优化，并会同设计、监理、施工单位提出调整方案。

（4）应对施工和监理单位的测量数据进行复核。

（5）应每月向建设单位提交监控月报，并在主桥竣工后一个月内提交施工监控总报告。

4）施工现场

（1）主要施工机具的数量及位置应与施工方案相同。

（2）备用施工机具及材料应集中堆放在指定位置，以减少临时荷载对高程的影响。

（3）箱梁节段拼装时应保证对称施工，避免结构线形出现偏差。

（4）应力、温度传感器的引出线及测量仪器应制作钢箱予以保护，以保证测量的稳定性。

（5）施工控制文件应遵循监控方→施工方→监理方的顺序传递。

5）监控预警

为保证施工安全，监控方应提前建立监控预警系统，并对关键施工阶段中控制截面的应力、变形进行实时测量和预控。

（1）应力

应对主体结构、附属构件以及可能会应力超限区域的应力进行实时监测，并在关键施工阶段提高监测频率。当应力出现异常时，应对所有应力测点进行连续测量。

（2）位移

应对桥面线形监测结果进行及时分析，当位移出现异常时，应对所有位移测点进行连续测量。

（3）预警分级

应根据预警事件的严重程度，分成提示、警告、报警三级，其中提示表示监测人员应加强对结构的观测频率，警告表示监测人员应采取措施对结构进行调整，报警表示应立即停止施工，并采取相应措施来防止事故的发生。

5.5.2　安全保证措施

（1）监控技术人员应提前进行安全技术培训，加强安全防范意识。

（2）应安排一名专职的安全工作人员，及时观察系统运行情况。

（3）应注意所有施工电力线路及配电板、配电箱的安装规范。

（4）注意所有电路接头及用电器的防雨水工作，防止漏电。

>>> 第**6**章

海控湾特大桥工程实例

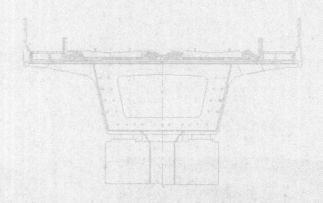

Construction Key Technology and Application of
Simply Supported Box Girder with
Prefabricated Segment Assembly

6.1　工程概述

6.1.1　工程简介

海控湾特大桥位于四川省攀枝花市，起讫里程为 D1K593 + 225.14～D1K594 + 721.38，正线全长 1496.24m，线间距 4.2～4.956m，设计速度 160km/h。该桥最大墩高 74m，采用$(2 × 24 + 8 × 32 + 16 × 64 + 3 × 32 + 1 × 24)$m 的桥跨布置，其中 10～26 号墩为 16 孔 64m 跨度的预制拼装预应力混凝土双线简支箱梁，每孔计算跨径为 64m，梁长 65.5m，由 15 个节段拼装组成，其中中间 11 个节段长 4m，两边分别包括 2.75m 和 3.8m 的节段。梁体为单箱单室、直腹板等高箱梁，梁顶板、底板及腹板局部向内侧加厚。桥梁跨径组合如图 6-1 所示。

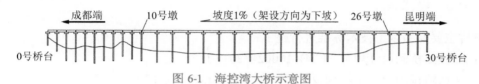

图 6-1　海控湾大桥示意图

基础采用桩径为 ϕ1m、ϕ1.25m、ϕ1.5m 摩擦桩，ϕ1.25m、ϕ1.5m、ϕ2.0m 柱桩；桥墩采用双线矩形实体桥墩及矩形薄壁空心墩，墩高最大达 74m，桥台采用双线 T 形空心桥台。

为提高施工效率，将每孔梁划分 15 个节段，采用湿拼缝连接，张拉钢绞线成孔，并采用上行式 SX64/2200 型移动支架拼装。

桥梁主要技术参数见表 6-1。

海控湾特大桥主要技术参数　　　　　　　　表 6-1

类型	参数
铁路等级	I 级
设计车速	160km/h
正线数目	双线
牵引类型	电力
线路情况	位于缓和曲线和圆曲线上，曲线半径 $R \geqslant 2200$m
线间距	4.2～4.956m
轨道类型	有砟轨道

6.1.2　地形地貌

本工程地形起伏较小，较开阔，最大高差约 100m，沟槽平缓地段多为水田及旱地，坡面基岩零星出露。地面高程为 1110～1208m。

桥区覆盖粉质黏土、粗砂、粗圆砾土、卵石土、碎石土、块石土。下伏基岩为页岩夹砂岩、砾岩，花岗闪长岩，以及不明时期（N）侵入基性岩。

不良地质为滑坡，主轴方向为 W-E，由南北相连的两部分组成，长约 112m，横向最大宽约 130m，滑体厚 2~6m，滑体体积约 8.7×10⁴m³，为一中型浅层滑坡。线路从滑坡体中部穿过。桥梁 11 号、12 号墩位于滑坡体内，13 号墩位于滑坡右前缘边界处。

6.1.3 气候水文

本段线路均走行于攀枝花境内，属南亚热带—北温带的多种气候类型，被称为"南亚热带为基带的立体气候"，具有夏季长、四季不明显，干、雨季分明，昼夜温差大、气候干燥、降雨量集中、日照多（全年 2300~2700h），太阳辐射强（578~628J/cm²），蒸发量大、小气候复杂多样等特点。年平均气温约 20.9℃，是四川省内年平均气温和总热量最高的地区，一般最热月出现在 5 月，最冷月出现在 12 月。6 月上旬至 10 月为雨季，11 月至翌年 5 月为干季，无霜期 300d 以上。

6.1.4 技术标准

该桥主要参照以下技术标准进行施工：
（1）《铁路桥涵设计规范》（TB 10002—2017）。
（2）《铁路桥涵混凝土结构设计规范》（TB 10092—2017）。
（3）《铁路混凝土结构耐久性设计规范》（TB 10005—2010）。
（4）《铁路工程抗震设计规范》（GB 50111—2006）。

6.2 工程特点

（1）梁段均在移动支架上组拼，导致后续湿拼缝施工、箱梁张拉时的质量难控制。
（2）移动支架曲线过孔和梁段运输吊装时的安全需重点监控。
（3）梁段体积大、重量大，吊装运输困难。
（4）移动支架拼装场地小，拼装质量难保证。
（5）曲线半径小，架设困难。

6.3 简支箱梁预制施工

6.3.1 施工准备

梁段预制前，需完成以下工作：
（1）场地准备
包括制梁场"三通一平"、制梁场硬化以及制梁台座施工等准备工作。
（2）材料准备
包括砂石料、水泥、钢筋、波纹管等各种材料、物资、机具的准备。
（3）设备进场
包括混凝土生产和养护、模板和钢筋加工等设备应按工期进度分批到位。

（4）设备安装

包括大、小门式起重机的安装、制梁模板的安装、回转自卸车的安装以及绑扎胎具的安装等。

6.3.2　临建工程

梁场共设计 5 个制梁台座，21 个存梁台座，并架设 2 台 10t、20t 的小门式起重机和 1 台 240t 的大门式起重机以供梁体的吊装，如图 6-2 所示。大门式起重机跨度 24m、净高 22m，作业范围 246.5m，小门式起重机跨度 24m、净高 16m，小门式起重机与大门式起重机共用轨道。

a) 俯视图

b) 梁场正门

c) 240t 门式起重机

图 6-2　梁场现场

为便于梁体吊装，将台座并行布置在大门式起重机的走行线路上，并在端头设置一座观测塔以对制梁过程进行随时观察。

（1）门式起重机轨道基础

本桥最大吊装节段重达 182.03t，为保证吊装过程的安全，将门式起重机轨道基础设计为条形基础，并采用 C30 混凝土浇筑，其中基础宽 2.6m、深 0.6m。

门式起重机安装前，对基础进行受力验算。为便于验算，将吊装冲击系数选取为 1.1，此时每组车轮受力范围内轨道基础及轨道的自重为：

$$3.8 \times 2.6 \times 0.6 \times 2.53 = 15.00t$$

每组车轮的受力为：

$$38 \times 4 = 152kN$$

此时，轨道承受重量为：

$$P = 152 \times 1.1 + 15.0 = 182.2t$$

在此基础上，地基承载力可按下式进行计算：

$$f_a = P/A = 182.2 \times 10/(3.8 \times 2.6) = 184.4kPa$$

式中，如果$f_a < f_{max}$，则表示基础满足设计要求，否则应对基础进行调整，其中f_{max}表示地基容许承载力。

（2）存梁台座

在本项目中，每个梁场的存梁台座均由 2 个独立混凝土基础组成，如图 6-3、图 6-4 所示。对于 2 号存梁台座，由于每个基础底面尺寸为 5400mm × 2400mm，则每个台座与基础的接触面积为：

$$A_1 = 2 \times 5400mm \times 2400mm = 2.592 \times 10^7 mm^2$$

对于 3～8 号存梁台座，由于每个基础底面尺寸为 5600mm × 2400mm，则每个台座与基础的接触面积为：

$$A_2 = 2 \times 5600mm \times 2400mm = 2.688 \times 10^7 mm^2$$

考虑到每个存梁台座上均存放了 2 层梁段，以 1 号、2 号块为例，其他梁段类似，其中 1 号块放在 2 号块上面，2 号块重 135.6t，1 号最大梁段重量为 200t，此时存梁总重为：

$$P_1 = 135.6t + 200t = 335.6t$$

台座自身混凝土重量为：

$$P_2 = (4 \times 0.8m \times 0.8m \times 0.5m + 2 \times 5.6 \times 2.4m \times 0.8m) \times 26kN/m^3 = 59.24t$$

$$P = P_1 + P_2 = 394.84t$$

基底应力为：

$$\sigma = P/A = 152.3kPa$$

a) 侧视图   b) 正视图

图 6-3　存梁台座

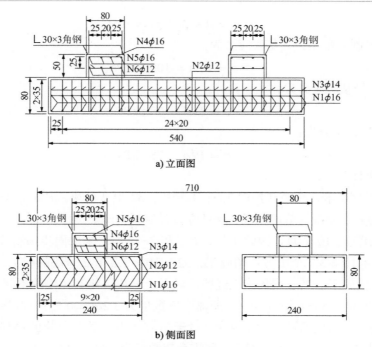

图 6-4　存梁台座及轨道基础（尺寸单位：mm）

（3）制梁台座

由于每个制梁台座均由 3 个混凝土条形基础组成，对于 1 号制梁台座，其每个条形基础外形尺寸均为 3450mm × 600mm × 800mm，且基础以下混凝土硬化层高 600mm，则每个台座与基础的接触面积为：

$$6500mm × 4150mm = 26.97 × 10^6 mm^2$$

3 个条形基础与地基的总接触面积为：

$$A = 3 × 600mm × 3450mm = 6.21 × 10^6 mm^2$$

对于 2 号制梁台座，各条形基础外形尺寸为 4500mm × 600mm × 800mm，基础以下混凝土硬化层高 600mm，其中每个台座与基础的接触面积为：

$$6500mm × 4500mm = 29.25 × 10^6 mm^2$$

3 个条形基础与地基的总接触面积为：

$$A = 3 × 600mm × 4500mm = 8.1 × 10^6 mm^2$$

对于 3～8 号制梁台座，各条形基础外形尺寸均为 4500mm × 600mm × 800mm，且基础以下混凝土硬化层高 600mm，其中每个台座与基础的接触面积为：

$$6500mm × 4500mm = 29.25 × 10^6 mm^2$$

3 个条形基础与地基的总接触面积为：

$$A = 3 × 600mm × 4500mm = 8.1 × 10^6 mm$$

根据上节可知，最大梁段重量为 $P_4 = 200t$，同时假设模板及施工荷载 $P_2 = 40t$。在此基础上，台座自身混凝土重量计算如下：

$$P_3 = 3 × (3.45m × 0.6m × 0.8m) + (4.15m × 6.5m × 0.6m) × 26kN/m^3 = 55t$$

$$P = P_1 + P_2 + P_3 = 295t$$

对于 1 号制梁台座，其基底应力为：

$$\sigma = P/A = 109.38 \text{kPa}$$

同理，2 号基底应力为：

$$\sigma = P/A = 78.8 \text{kPa}$$

3～8 号基底应力为：

$$\sigma = P/A = 78.9 \text{kPa}$$

（4）台座计算

为满足工期要求，全桥共预制 32 个 1 号块，32 个 2 号块，176 个 3～8 号块，其中 1 号、2 号块为异形变截面节段箱梁，需独立设计制梁台座。

由于工期仅约 10 个月，因此 1 号、2 号和 3～8 号块采取同步预制策略施工，则每个月需完成 $32 \div 10 = 3.2$ 个 1 号块的施工，$32 \div 10 = 3.2$ 个 2 号块的施工，$176 \div 10 = 17.6$ 个 3～8 号块的施工。结合现场施工经验，对于 1 号块，将其每块的预制时间取为 5d，则每个月可完成 $30 \div 5 = 6$ 块的施工，所需台座数量为 $3.2/6 = 0.533$，最终设置 1 个台座，满足工期要求，2 号块的计算同 1 号块。对于 3～8 号块，将其每块的预制时间取为 4d，则每个月可完成 $30 \div 4 = 7.5$ 块的施工，所需台座数量为 $17.6 \div 7.5 = 2.33$，最终取 3 个台座，满足工期要求。因此，最终台座设置为 1 号块台座 1 个、2 号块台座 1 个、3～8 号块台座 3 个。

6.3.3 模板工程

（1）模板设计

为提高预制质量，本工程预制施工均采用 Q235 钢制模板进行，其中模板由底模、外侧模、内模、端模及相互连接体系等组成，如图 6-5 所示。在施工中，底模为一基准平面，端模立在底模上，侧模和内模则包住端模，并利用螺栓和对拉杆将其连接成刚性整体。

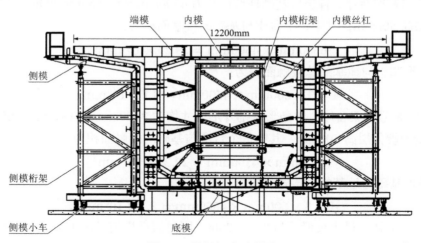

图 6-5 模板组成示意图

根据 6.3.2 节中台座的设置数量，按一个台座配置一套模板的方式进行预制，其中 1 号块需配置1套模板、2号块需配置1套模板、3～8号块需配置3套模板。此外，由于3～8号块的端部需在胎具上安装，因此额外增加3套端头模板，全桥共计8套模板。侧模与底模均根据最长节段尺寸设计，其设计长度为4420mm，底模面板厚10mm，侧模和内模面板厚8mm。侧模和内模的桁架采用H型钢焊接成整体，并设置移动小车。

在施工过程中，底模固定在台座上，并采用敞口直接灌注，灌注完成后压盖木板以避免返浆；侧模与内模采用体内对拉形式，拉杆为φ25mm精轧螺纹钢。外模拆卸时需先落下螺旋支撑和千斤顶，再向外移动支架丝杠，待模板全部脱离梁体后，利用侧模小车移动模板进行下一梁段的预制。

内模为整体式大块钢模板，支承在纵梁滑道上，可在滑道上移动。滑道立柱采用桁架搭设，底部与台座之间浇筑混凝土，并用丝杠调节内模的高度或脱开内模。

（2）模板加工

预制模板选取经验丰富、信誉良好的专业厂家进行加工制造，所用材料均为优质钢材，加工质量符合《钢结构工程施工质量验收标准》（GB 50205—2020）相关规定，其中模板的加工精度要求见表6-2。

模板加工精度　　　　　　　　　　　　　　　　　　　表6-2

序号	内容	允许误差（mm）
1	平面几何尺寸	2
2	对角线	3
3	表面平整度	1
4	板面及板侧挠度	1
5	面板端偏斜	≤0.5
6	组合内模及各套模板间的接缝错台	0.5
7	连接螺栓孔眼中心位置	0.5
8	肋高	±5
9	预应力管道及封锚位置	2

（3）模板安装

模板施工顺序：出厂及试拼→进场及正式拼装→验收合格→交付使用，并遵循以下安装顺序：底模调整及就位→端模→内模→侧模。

当模板试拼完成后，应及时检查底模预拱度和压缩量是否满足设计要求；当底模安装完成后，应及时检查长度、宽度、高度以及支座板的平整度、预留孔，端模锚穴水平角及竖直角，侧模的倾斜度、预埋件尺寸等是否满足设计要求，其安装精度要求见表6-3。

模板安装精度要求　　　　　　　　　　　　　　　　表6-3

序号	内容	允许偏差（mm）	检测方法
1	侧、底模板长度	±10	尺量检查，不少于5处
2	底模板宽度	5	尺量检查，不少于5处

序号	内容	允许偏差（mm）	检测方法
3	底模板中心线与设计位置偏差	2	拉线检查
4	桥面板中心线与设计位置偏差	10	
5	腹板中心线位置偏差	10	尺量检查
6	隔板中心线位置偏差	5	
7	模板垂直度	每米高度 4	吊线尺量检查，不少于 5 处
8	侧、底模板平整度	每米长度 3	靠尺和塞尺检查，不少于 5 处
9	桥面板宽度	10	尺量检查，不少于 5 处
10	腹板厚度	10	
11	底板厚度	10	
12	顶板厚度	10	
13	隔板厚度	10	
14	端模板预留预应力孔道与设计位置偏差	1	尺量检查

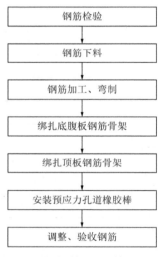

图 6-6　钢筋施工流程图

6.3.4　钢筋工程

1）施工流程

在施工中，钢筋先在绑扎胎具上与端模一起绑扎，并利用大门式起重机和专用吊具将其吊放至底模上。安装前，在底模上标记中线或梁端线，以控制梁体钢筋骨架的纵向安装位置，再检查钢筋骨架的纵向中心线是否与底模纵向中心线重合，其施工流程如图 6-6 所示。

2）钢筋下料

钢筋下料严格按照以下工艺流程进行：备料→划线（固定挡板）→切断→堆放，且下料误差控制在 ±10mm 以内，如图 6-7a）、图 6-7b）所示。此外，钢筋不进行加工时，应统一放置在钢筋棚中，如图 6-7c）所示。

a) 设置限位挡板

图　6-7

b) 钢筋切断及堆放

c) 钢筋棚

图 6-7　钢筋下料现场

在划线时，避免用短尺测量钢筋长度，以防止造成累计误差。在切断机和工作台相对固定的情况下，需在工作台上设置尺寸刻度线，并安装能固定断料尺寸的挡板，从而保证钢筋不超过刻度线。

在切断时，先进行钢筋调直，再采用砂轮切割机进行断料。切断机的刀片应密合，螺丝紧固，其中对于直径不大于 20mm 的钢筋需预留 1～2mm 的间隙，对于直径大于 20mm 的钢筋预留 5mm 的间隙。值得注意的是，在切断过程中，如果发现钢筋有劈裂、缩头或严重弯头现象，应及时切除。

3）钢筋加工

钢筋加工按照以下流程进行：准备→划线→试弯。加工误差需控制在允许范围内，其中弯曲误差为 ±10mm，弯起位置为 20mm，箍筋内径尺寸为 ±3mm。

钢筋加工中，需重点控制以下内容：在平台上，应严格按 1∶1 的比例放大样，增加角度定位销、限位挡板，以便弯制准确。此外，特殊钢筋在场地范围内应设置 1∶1 的比例放大样，并逐一校核其弯制尺寸，有出入时应进行调整，如图 6-8 所示。

需说明的是，钢筋在弯曲过程中，由于其自身弹性变形、弯曲力等不确定因素，异形钢筋应在场地中标记出 1∶1 的大样图，并将弯曲成型后的钢筋与大样图进行比较，待弯曲角度及限位挡板位置精确修正后，方可批量生产，且在弯曲过程中应加强检查。

图 6-8　钢筋弯曲加工

4）定位网加工

定位网由 ϕ8mm 的圆钢加工而成，并采用∟30mm×3mm 的角钢在模具上进行焊接，如图 6-9 所示。在加工过程中，定位网应严格按照设计坐标制作，同时利用模具上的定位槽口来定位钢筋位置。

图 6-9　预应力定位网的加工

定位网分两步进行加工，首先分别焊接腹板定位网和底板定位网，再按编号将底板定位网与腹板定位网在胎具上焊接成整体，并经检查合格后再安装。需说明的是，定位网加工均采用点焊，且成型后的网片不应扭曲变形，加工成型后应按图纸编号挂牌标明并堆放。

5）钢筋绑扎

在本工程中，除 1 号段在制梁台座上绑扎，其余段的钢筋均在胎模具上绑扎完成。

胎模具严格按设计要求制作而成，并采用划线切割机成槽，以达到"零误差"要求。底、腹板及顶板钢筋骨架绑扎完成后，采用 250t 大型门式起重机及专用整体吊具进行吊装。

6）绑扎胎具

为保证纵、横向钢筋的准确定位及两侧腹板钢筋的保护层厚度满足要求，在胎模具外侧底边焊接∟63mm×5mm 的角钢作为支挡，绑扎时，将横向钢筋的弯钩及腹板箍筋贴紧角钢，以实现钢筋的准确定位及外侧钢筋的整齐分布，如图 6-10 所示。

图 6-10 钢筋绑扎胎具

对于腹板箍筋横梁方向的倾斜度及顺梁长方向的垂直度，同样在腹板两侧焊接∟63mm×5mm 的角钢进行限位，并在紧贴腹板一侧的角钢上按设计要求预留槽口。绑扎前，将角钢按腹板设计角度进行固定，再将钢筋放入对应的缺口内，以实现钢筋的准确定位。

在绑扎过程中，应注意以下事项：

（1）胎具槽口应采用划线切割机成槽，避免焊接烧孔。

（2）腹板竖向钢筋定位槽应尽量靠近底板下层，同时腹板水平筋的绑扎胎具设置成可旋转样式。

（3）支座预埋板、防落梁预埋板、泄水孔及通风孔位置应在胎具上定位、绑扎。

（4）胎具端头应利用角钢进行绑扎限位，避免绑扎时钢筋端头过短或过长。

（5）底腹板钢筋吊装时应避免与胎具碰撞、摩擦。

7）保护层垫块

为保证钢筋的混凝土保护层厚度满足设计要求，在钢筋与模板之间设置保护层垫块，垫块的强度和耐久性指标与梁体一致，其厚度符合施工图要求。

垫块按以下原则进行布置：

（1）梁底及顶板垫块应绑扎在纵向钢筋上，且垫块距底板边缘两侧大于 100mm。

（2）腹板垫块应绑扎在钢筋交叉处。

（3）对于顶板，其每根起弯钢筋底弯处应绑扎垫块，其他模板钢筋应酌情设置垫块。

（4）垫块布置应呈梅花形，且垫块间距不应大于 0.5m，每平方米不少于 4 块，端头位置应额外增加垫块数量。

（5）箱梁端部和变截面处应适当增加垫块。

8）钢筋骨架吊装

钢筋骨架采用横吊梁（扁担）进行四点吊装，其顶板钢筋下面设型钢，扁担与型钢采用 3t 的铁链进行连接，同时与底板钢筋进行连接，如图 6-11 所示。为防止挂点处绑线脱落、钢筋变形，施工中对挂点附近的钢筋绑扎点进行了加强，包括点焊、增加绑线根数以及加入短钢筋等。

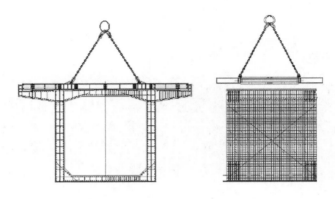

图 6-11　钢筋骨架吊装示意图

9）预埋件、预留孔

预埋件、预留孔主要包括支座预埋钢板及套筒、防落梁挡块预埋钢板、综合接地端子、接触网锚固螺栓及加强钢筋、吊装孔、通风孔、泄水孔等。预埋件及预留孔应设置齐全、定位准确、安装牢固，同时采用工装进行定位和固定。各预埋件、预留孔的加工及安装如下所述。

（1）支座板及防落梁预埋钢板

支座板及防落梁预埋钢板仅设置在 1 号和 15 号段。钢筋吊装入模前，先在模板上画出预埋钢板的螺栓孔，再用磁力钻钻孔，利用螺栓将钢板固定在底模板上，如图 6-12 所示。在施工过程中，支座板应保持平整，安装后四个支座板的相对高差不应大于 2mm，每块支座板的平整度不应大于 1mm，支座板、防落梁板预埋件中心偏离设计位置应小于 3mm，跨径偏差应小于 20mm。

图 6-12　支座及防落梁预埋板的固定

（2）通风孔

为避免混凝土浇筑过程中通风孔的偏移或破损，因此采用与模板配套的抽拔钢管进行通风孔施工，其中除了 1 号、15 号节段不设通风孔外，其余节段共设 40 个 ϕ100mm 通风孔。

在施工过程中，抽拔钢管先从腹板内侧的通风孔模具内穿入，并与外模密贴。然后，使用螺栓将钢管与腹板外侧通风孔模具进行固定，以保证通风孔不偏移设计位置。当腹板浇筑完毕，松开螺帽、钢管，并在 2h 后拔出钢管。

（3）泄水孔

泄水孔尺寸为ϕ160mm，在竖墙内侧桥面板及梁体中线上沿纵向布置，其中每孔梁布置30 个。泄水孔四周采用井字筋和螺旋筋进行加固，同时桥面板在施工时，根据排水管位置设置 0.3% 的纵向汇水坡。

顶板泄水孔采用翼板焊接螺母安装。安装完成后，利用带钩丝杆与螺母连接，并通过钢板丝杆固定泄水孔，以保证泄水孔的准确定位及安装牢固。

（4）吊装孔

吊装孔分为内吊装孔和外吊装孔，均采用预埋ϕ70mm PVC 管的方式成孔。施工中，在吊装孔周边安装螺旋钢筋，并在制梁过程中利用吊装孔限位架来调整吊孔的垂直度及位置，以保证提升吊杆与承载面垂直受力。

当梁体架设完成后，采用无收缩混凝土封堵吊装孔，并进行局部防水及保护层施工。

（5）接地钢筋

接地钢筋按以下原则进行施工：

①接地钢筋进场后应进行检查，主要包括外形尺寸、防腐处理情况等。

②接地钢筋焊缝长度应符合以下要求：单面焊不小于 200mm，双面焊不小于 100mm，焊缝宽度不小于 4mm。接地的纵向钢筋和横向钢筋之间采用ϕ16mm 钢筋 L 形焊接。

③箱梁浇筑前，应进行电气回路测试，以保证接地钢筋各处电气的连续性。

④接地端子采用防护盖塞紧并做好保护，避免混凝土浇筑过程中及完成后端子受损、污染，且信号槽中的接地端子外露高度应考虑梁面防水及保护层厚度。

⑤在桥梁一端设置接地钢筋时，接地钢筋应焊接牢固，且贯通桥梁的钢筋任意一点接地电阻应小于 1Ω。

6.3.5　混凝土工程

1）混凝土配合比

混凝土配合比需根据原材料品质、设计强度等级、耐久性以及施工工艺综合确定，并进行试配、调整等。此外，配置的混凝土拌合物应满足施工要求，配合比需报送有关部门进行审定，并做验证性试验。

2）混凝土搅拌

本工程混凝土在拌和站统一进行拌制，拌制原则如下：

（1）搅拌混凝土前应严格测定粗、细集料的含水率，及时调整施工配合比，一般情况下每班抽测 2 次，雨天应随时抽测。

（2）混凝土搅拌机的计量器具应定期检定，搅拌时严格按照经批准的施工配合比准确称量混凝土原材料，其最大允许偏差应符合下列规定（按质量计）：胶凝材料（水泥、矿物掺合料等）±1%；外加剂 ±1%；粗、细集料 ±2%；拌和用水 ±1%。

（3）混凝土投料工艺和搅拌时间应满足工艺设计要求。宜先向搅拌机投入细集料、水泥和矿物掺合料，搅拌均匀后，加水并将其搅拌成砂浆，再向搅拌机投入粗集料，充分搅拌后，再投入外加剂，并搅拌均匀为止。

3）混凝土运输

本工程混凝土运输采用水平运输和垂直运输两种方式进行。

水平运输：利用 2 台 8m³ 混凝土运输车将混凝土从拌和站运送至制梁台座位置。

垂直运输：将拌制好的混凝土放入料斗，并采用 20t 的门式起重机将其吊至制梁台座上方。

4）混凝土浇筑

混凝土按照以下原则进行浇筑："斜向分段、水平分层"，"先底板、再腹板对称、最后顶板，从一端向另一端，连续浇筑、一次成型"，如图 6-13 所示。

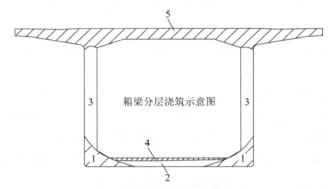

图 6-13　箱梁分层浇筑示意图

1-底板拐角；2-底板中部；3-腹板；4-底板上层；5-顶板

混凝土浇筑前，先进行坍落度、含气量和温度测试，一旦发现离析现象，需对混凝土进行二次搅拌。混凝土浇筑时，斜向分段斜度不大于 5°，水平分层厚度不大于 30cm，两层混凝土的浇筑间隔时限不超过 1h。

当浇筑腹板混凝土时，为防止两侧混凝土面高低悬殊，造成内模偏移，采取两侧同步浇筑方案，并利用导管输送，从而避免拌合物离析。混凝土振捣以插入式振捣棒为主，钢筋密集部位加强侧振或采用侧振为主、插入式振捣棒加强振捣为辅的方式进行。此外，为避免混凝土下沉、气泡溢出以及表面翻浆等问题，将振捣时间严格控制在 20～30s，同时防止振动器碰撞预应力的管道、钢筋、模板、剪力键及预埋件等，以保证其位置及尺寸符合设计要求。

混凝土浇筑过程中，应注意以下事项：

（1）浇筑前应配备足够的施工人员、机具，防止漏振欠振，并对振捣人员进行分段负责。

（2）混凝土浇筑时，模板温度宜控制在 5～35℃，拌合物入模温度宜控制在 5～30℃。当 3d 平均气温低于 5℃或最低气温低于-3℃时，应采取保温措施，并按冬期施工处理。

（3）底腹板混凝土浇筑时，出料口不应正对抽拔橡胶管布料，且滴落在内模及翼板顶板上的混凝土应及时清除，避免底部形成干灰、夹渣及麻面。

值得注意的是，为保证梁高和排水横坡坡度符合设计要求，需定期对行走轨道高程和提浆整平机的踏步坡度进行校验。由于混凝土初凝时间有限，且浇筑时间一般不宜超过 7h，选择合适的施工顺序至关重要，为此制定了如图 6-14 所示的混凝土施工工艺流程。

5）混凝土养护

根据梁段预制工期及现场施工要求，梁体采用喷淋养护棚养护，如图 6-15 所示。养护棚水管沿着排水沟从水井蓄水池接水，并在预制与存梁台座分设置阀门以便随时养护。

夏季施工时，为防止混凝土在初凝前暴晒导致表面产生裂纹，宜设置遮阳棚遮盖。当混凝土初凝后，箱梁表面应采用保湿效果好的材料（如土工布等）进行覆盖，洒水间隔为 1～2h/次，且当环境相对湿度小于 60%时应继续洒水养护 7d。

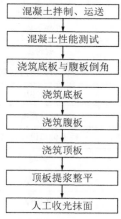

图 6-14　节段混凝土浇筑工艺流程图

图 6-15　喷淋养护棚

6）预应力孔道成型

预应力孔道采用抽拔橡胶棒成型。由于橡胶棒弹性、韧性均较好，为增加橡胶棒刚度，在其中间环节穿入钢筋芯棒，并在施工中采用钢筋定位网进行固定，且定位网孔径应大于孔道直径（3mm）。

考虑到定位网孔眼尺寸允许差为 ±2mm，因此当混凝土强度达到 4～8MPa 时，采用卷扬机抽拔橡胶棒，并遵循从下向上、缓慢拔管的原则，以避免坍孔、橡胶棒损坏等问题。

7）模板拆除

当混凝土强度达设计值 75%时，拆除内、外模板，并及时凿毛梁端，其中箱梁下拐角等不承重模板可提前拆除。

8）梁段验收

当模板拆除完毕，按表 6-4 进行梁段的验收，从而保证梁段质量满足设计要求。

梁体外形尺寸验收标准 表 6-4

序号	项目		允许偏差（mm）	检验方法
1	梁全长		±20	桥面及底板两侧
2	梁跨度		±20	支座中心至中心
3	桥面及防护墙内侧宽度		±5	梁两端、1/4 跨、跨中、3/4 跨
4	腹板厚度		+10，−5	1/4 跨、跨中、3/4 跨各 2 处
5	底板宽度		+5，0	梁两端、1/4 跨、跨中、3/4 跨
6	桥面偏离设计位置		+20，−10	从支座螺栓中心放线，引向桥面
7	梁高		+10，−5	检查两端
8	顶板厚		+10，0	梁两端、1/4 跨、跨中、3/4 跨各 2 处
9	底板厚		+10，0	
10	防护墙厚度		+15，0	尺量不少于 5 处
11	表面垂直度		每米偏差 3	测量不少于 5 处
12	表面平整度		5	1m 靠尺不少于 15 处
13	钢筋保护层厚度		90%测点不小于设计值	各部位各 2 处，每处不少于 10 点
14	上支座板	每块边缘高差	1	尺量
		支座中线偏离设计位置	3	
		螺栓孔	垂直梁底板	
		螺栓孔中心偏差	2	尺量 4 个螺栓中心距
		外漏底面	平整无损、无飞边、防锈处理	观察
15	接触网	螺栓距桥面中心线偏差	+10，0	观察、尺量
		钢筋	齐全设置、位置正确	
	伸缩装置钢筋		齐全设置、位置正确	
	泄水管		齐全完整、位置正确	

9）梁段移存

梁段强度达到设计强度 75%时方可起吊移存。吊装时，利用梁段顶板设置的 4 个吊装孔，采用 4 根φ40mm 精轧螺纹钢配合现场 250t 门式起重机存梁，其中门式起重机采用竖向提升与纵向走行分离的工作方式先将梁段移至回转地车上，并旋转 90°，再提梁到指定的存梁台座，从而完成梁段的移存工作。

▶▶ 6.4　简支箱梁湿拼施工

6.4.1　节段运输、吊装、调整

梁段由存梁区移至指定位置并吊装后，对梁段姿态进行调整，主要包括纵向、横向和竖向三个方向，如图 6-16 所示，其中梁段纵向利用天车调节，梁段横向利用天车顶推液压缸来调节，梁段竖向利用穿心式千斤顶进行调整，均以线路的中心线为基准进行调整。

a) 吊装准备

b) 起吊

c) 转移

d) 落梁

e) 梁段就位

f) 线形竖向调整

g) 线形横向调整

h) 线形调整后效果

图 6-16　节段梁吊装

6.4.2 钢绞线穿束

为了提高钢绞线的穿束效率，采用人工和机械牵引相结合的方式穿束。施工时，先利用人工在各张拉孔道中穿"引线"，再将单个孔道中需要穿放的钢绞线全部绑扎在引线周围，并形成一整束。然后，利用移动支架上的 5t 卷扬机，将整束钢绞线通过引线牵引的方式穿入各张拉孔道，如图 6-17 所示。

图 6-17　钢绞线穿束

6.4.3 湿接缝施工

（1）钢筋绑扎

由于箱梁腹板较薄，且钢筋密集、波纹管数量较多，因此采取交叉点绑扎方法进行钢筋绑扎，绑扎点的钢丝应扣成八字形，以避免钢筋变形，如图 6-18 所示。

图 6-18　湿接缝钢筋绑扎

（2）混凝土浇筑

湿接缝混凝土采用对称浇筑的方式进行，并遵循底板、两侧腹板和顶板的浇筑顺序，如图 6-19 所示。

a) 混凝土输送　　　　　　　　　　　b) 混凝土浇筑

图 6-19　湿接缝底板混凝土的浇筑

6.4.4　钢绞线张拉

由于海控湾特大桥为后张法预应力混凝土箱梁，因此根据设计要求，先对首孔梁进行孔道摩阻试验，再按设计方案进行张拉。

（1）纵向预应力钢束张拉

纵向预应力钢束的张拉如图 6-20 所示，张拉时两端对称、同步进行（即四台张拉千斤顶同时工作），并采用张拉力控制为主、伸长量控制为辅的"双控法"进行施工。张拉顺序为：张拉初始应力（10%设计值）→第二次张拉吨位（50%设计值）→设计值→持荷 5min→回油至零。张拉完成后，将三次的伸长值记录下来，并计算最终伸长量。

图 6-20　纵向预应力钢束张拉

（2）横向预应力张拉

梁体顶板横向预应力筋为 BM15（张拉端）、BMP15（固定端），配套 YDC240Q 型千斤顶，通过在箱梁两侧交替进行单端横向张拉。此外，湿接缝处的横向预应力筋与预制梁段相邻的横向预应力筋应同时张拉，以防止混凝土压缩不同引起开裂。

（3）竖向预应力张拉

竖向预应力筋为ϕ25mm 的高强精轧螺纹钢筋，锚固体系采用 JLM-25 型锚具，张拉体系采用 YC60A 型千斤顶。竖向预应力筋采用两次重复张拉的方法张拉，即在第一次张拉完成后 1d 进行第二次张拉，弥补由于操作和设备等原因造成的预应力损失，且在预应力完成后及时压浆。

（4）体系转换

由于第一批纵向预应力筋在张拉前，梁段、湿接缝及钢绞线的重量均是通过吊杆和扁担梁传递给移动支架，因此在张拉过程中分批次松吊杆，从而逐步将箱梁荷载传递到支座上。当一期张拉完成后，再将吊杆全部松掉，此时箱梁荷载全部由支座承担，从而完成体系的转换。

（5）钢绞线切割

张拉完成后，先在锚圈外的钢绞线上划线，并静放 24h，当钢绞线无滑动后，再进行切丝、压浆等工作。

钢绞线采用砂轮片切割，在终张拉完成 24h 后进行，切割时不应对锚具造成损害，切割完成后采用聚氨酯防水涂料对锚具、锚垫板及外露钢绞线头进行防锈处理。

6.4.5 预应力孔道压浆

压浆材料及工艺满足《客运专线预应力混凝土预制梁暂行技术条件》和《铁路后张法预应力混凝土梁管道压浆技术条件》（TB/T 3192—2008）中的相关规定。

压浆时遵循先压下层孔道、再压上层孔道的顺序，同一根管道应连续、一次性完成压浆。压浆过程中，每孔梁制作 3 组（底板一组，两侧腹板各一组）标准养护试件，并进行抗压强度和抗折强度试验。此外，当砂浆搅拌均匀后，进行流动度试验，其中每 10 盘测一次，并记录浆体搅拌时间、浆体温度、环境温度、保压压力及时间、真空度等。

6.4.6 封端

（1）封端混凝土

本工程采用干硬性补偿收缩混凝土（C50）作为封端混凝土，其坍落度控制范围为 50～70mm。封端混凝土施工时，采用振捣棒进行捣固，并要求其与梁体混凝土的错台不超过3mm，封端后及时对新、老混凝土的结合部分进行防水处理。

（2）梁端防水涂料

梁端防水涂料由 A、B 两种组分的聚氨酯组成，并严格按照 1∶1 的比例进行调配，并经滤网过滤后再涂刷。涂刷时，分 2～3 次涂刷完成，其中当第一次涂刷完成后不产生流挂时，方可继续涂刷，且每次涂刷间隔时间不超过 1h，涂刷厚度不小于 1.5mm。

6.5　湿拼施工线形监控

本桥以简支箱梁的几何线形为基本控制目标，采用调整悬吊钢棒长度来控制节段梁面高程，实现湿拼过程中箱梁的线形监控。

6.5.1　监控重点

监控的重点内容包括：

（1）移动支架架桥机的预压值及弹塑性变形值。

（2）箱梁的几何外形参数。

（3）箱梁各施工阶段的线形控制（桥机过孔、节段拼装、湿接缝浇筑、钢绞线张拉）。

（4）湿接缝施工时相邻节段的相对位置与角度。

（5）箱梁关键截面应力、温度场。

（6）张拉箱梁钢绞线时，钢绞线张拉力与钢棒悬吊长度之间的关系。

6.5.2　监控准备

（1）熟悉设计文件，理解设计意图，明确设计要求。

（2）熟悉施工方案、流程，特别是节段高程调整和张拉过程中上拱力的释放、温度要求等。

（3）根据设计文件和桥梁建设条件，确定施工监控对象、目标，制定监控实施大纲。

（4）确定施工监控目标。

（5）施工监控组织管理机构、运行体系建立。

6.5.3　节点内力、几何参数的计算与复核

准确计算与复核湿拼过程中箱梁各节点内力、几何参数是施工监控的重点内容，需要根据设计文件对桥梁进行结构验算，分析在常规荷载、确定的施工方案和施工荷载下结构的受力安全性，并对箱梁各节点的应力和混凝土的强度进行验算，通过与设计资料进行校核，从而设置现场监测中各项工作的预警控制值。

节点内力、几何参数的计算与复核主要包括以下内容：

（1）复核桥梁各节点内力和几何参数。

（2）确定湿拼过程中各阶段的理想线形。

（3）湿拼中关键阶段（或特殊阶段）的施工方案优化。

（4）设计参数或误差因素敏感性分析，确定主要误差参数。

（5）确定结构承载能力控制性工况，对承载能力薄弱的构件进行预警。

（6）校核最不利状态下结构受力。

（7）成桥阶段的计算。

（8）完成监测系统设计。

6.5.4 湿拼过程仿真分析

桥梁施工监控的目的是保证施工与设计尽可能一致，因此，需要根据施工现场情况，计算各施工阶段中桥梁节点的内力和几何参数。湿拼过程中桥梁有限元模型采用 Midas 软件建立，如图 6-21 所示。

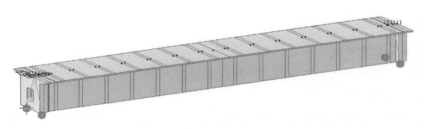

图 6-21　桥梁有限元模型

桥梁湿拼过程中的施工监控主要分为两个阶段：

（1）计划工作阶段

该阶段主要考虑实际施工过程、方法、临时结构、临时施工荷载等与原始设计资料的差异性，包括施工过程详细安装分析、各阶段（包括成桥阶段）理想线形分析、施工敏感区域和高应力值区域分析等。

（2）现场实时计算阶段

该阶段是在前一阶段工作的基础上，根据现场的实测参数、误差分析结果等对有限元模型进行修正，从而对现场的施工目标进行适当调整。

6.5.5 现场监控

1）线形控制

（1）控制原则

由于梁段均悬吊于四根钢棒上，每个吊点具有三个自由度，需要反复进行梁段调位，才能保证其接近设计位置，因此单节段吊装时只进行粗调，待单孔所有节段梁吊装完成后，再对所有悬吊梁段的位置进行精调。

（2）控制顺序

①从两端往中间依次进行调整。

②按纵向→横向→高程→纵向→横向→高程的顺序进行反复调整，使其接近设计位置。

③控制内容。

线形控制的内容包括纵向位移、横向位移、高程，并采用以箱梁的高程控制为主，纵向、横向位移调整为辅的方式进行，主要包括以下步骤：

a. 建立湿拼现场的平面控制网和高程控制网。

b. 检查支座平面位置、高程及锚栓孔中心位置。

c. 在每个预制节段顶面预埋 6 个控制点，形成 3 条控制线，如图 6-22 所示，其中 C1—C2

线称为水平控制线，用于确定节段平面中心线，L1—L2 和 R1—R2 称为高程控制线，用于确定节段立面线形和断面横坡。

在精确定位墩顶节段的平面位置、高程以及拼装其余节段时，测量水平控制线（C1、C2）的坐标，使其与设计坐标一致，并将其余点（L1、L2、R1、R2）作为复核点进行复核。

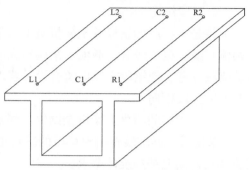

d. 高程控制。通过测量节段上预埋的高程控制点的高程，计算设计高程与实测高程的差值，并根据该差值确定钢棒的张拉伸长量，从而利用钢棒来调整节段的高程。

图 6-22　节段控制点布设示意图

④控制频率

预应力钢绞线及湿接缝混凝土的重量通常会引起架桥机变形，因此需要在箱梁顶面先预埋高程观测点，当预应力张拉完毕后，对单孔箱梁徐变进行观测，其中观测时间为：一期张拉前、一期张拉后、二期张拉后，且每隔 15d 进行一次，待徐变稳定后方可停止测量。当观测结果与设计值相差较大时，需及时将观测结果上报至设计院进行修正。

⑤预设反拱

根据桥梁有限元模型计算预拱度，主要分析恒载、施工期间收缩徐变、温度荷载、二期恒载、成桥后收缩徐变以及 1/2 静力活载等作用下产生的竖向变形，并利用桥梁博士软件进行复核。

⑥实际吊装高程

在施工过程中，实际吊装高程按下式计算：

$$A = a_1 + a_2 + a_3 + a_4 \tag{6-1}$$

式中：a_1——节段梁顶面设计高程（m）；

　　　a_2——计算预拱度（m）；

　　　a_3——架桥机变形值（m）；

　　　a_4——施工调整值（m）。

（3）线形调整

①调整规定

为保证成桥后箱梁线形符合设计要求，结构恒载、内力状态接近期望值，需对箱梁拼装过程的线形进行严格监控，主要按以下规定进行控制：

a. 根据预定的拼装顺序，采用 Midas 软件计算理论轨迹数据，预测各节段梁的高程。

b. 分节段张拉钢棒。

根据预定的拼装顺序，先将节段梁摆放到架桥机上，并利用架桥机与混凝土梁的刚度以及预应力张拉顺序分批次调节梁段的支撑系统，直到预应力能承担梁体自重。

②线形粗调

在单个节段梁下放时进行粗调，并控制梁段纵向、横向、旋转角度、下放高度等参数，主要包括以下内容：

a. 梁段纵向

将悬吊梁段的钢棒放至架桥机上，下放梁段时，根据湿接缝的实际宽度（两侧腹板、两侧翼缘、梁中线五个截面）来调整纵向间距。当偏差较大时，需采用天车纵移机构来驱动梁段纵移，使梁段在纵向符合设计要求。

b. 梁段横向

在放置好的箱梁上架设全站仪，测量梁段中线和桥梁中线偏距。在梁段吊装下放过程中，采用天车回转装置调整梁段的平转角度，利用天车的横向千斤顶调整梁段的横向位移，使其在横向上基本设计要求。

c. 梁段高程

根据 Midas 软件计算架桥机的挠度和箱梁线形，确定各梁段钢棒外露尺寸的理论值，并以实际调整完的梁跨钢棒外露尺寸作为后续梁段拼装的经验数据。在此基础上，测量钢棒的外露尺寸，通过对比测量值与理论值，采用天车上的卷扬机来调整梁段的高程，使梁段的高程与线形监控预测的高程差值不大于 150mm。

③线形精调

当单孔全部梁段吊运至架桥机上后，再进行精确定位。由于此时架桥机上的天车和门吊均处于静止状态，需在跨中梁段设立测站，测量各梁段腹板顶部测点的高程，从而计算各梁段高程的调整值，主要包括以下内容：

a. 纵向

利用尺子测量两侧腹板、两侧翼缘以及梁中线的纵向偏差，在纵向扁担梁槽内，通过天车纵移机构和人工调整梁段的纵向位移，利用钢棒在纵向扁担梁槽内前后移动，从而调整梁段的纵向偏距，由于横向偏距受槽宽限制，调整量一般较小。

b. 横向

基于箱梁上已架设好的全站仪，利用顶板悬挂的钢丝绳对梁段前后端的中线进行校核，确定梁段中线与梁跨中线的偏距，再通过天车旋转机构、横向千斤顶和人工来配合天车驱动梁段，使钢棒在纵向扁担梁预留槽内左右移动，从而调整梁段的横向偏距，同样由于横向偏距受槽宽的限制，调整量较小。

c. 高程

当平面位置符合设计要求，且梁段处于水平状态后，采用精密水准仪测量梁段和主梁支承处的高程，并计算和测量钢棒的外露尺寸，根据钢棒外露尺寸理论值与实测值的差值，采用穿心式液压千斤顶进行精调。

2）应力、温度监测

箱梁控制截面的应力是施工监控中的另外一个重要内容，通过应力监测可判定箱梁的安全状况。

（1）传感器布设

由于本桥采用节段拼装施工，孔跨数量较多，为了不影响施工进度，将应力、温度监测在第一孔施工时进行，从而根据监控数据来分析温度对后续 15 孔拼装的影响。该监控工作在每一施工阶段（混凝土浇筑前后、钢绞线张拉前后、二期荷载等）都要进行，并贯穿整个拼装过程。当应力超限或突变时，应立即提交报告并查明原因。本桥应力传感器的布设位置如图 6-23 所示。

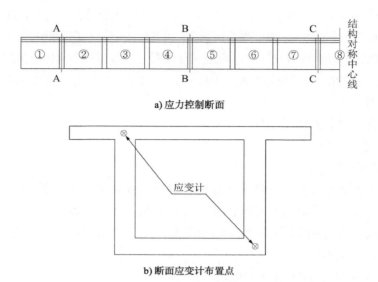

a) 应力控制断面

b) 断面应变计布置点

图 6-23　测点布置示意图

（2）传感器选型

本桥采用埋入式应变计测量应变，该应变计自带温度补偿功能并能同时获取温度数据，用于测量梁段内部的应力，如图 6-24a）所示。图 6-24b）为 SCJM-ZH1 型振弦检测仪，具有监测速度快、精度高、使用简单等特点，能自动记录传感器编号、应变以及温度等结果，配合应变计来测量构件的应力、应变。

a) 埋入式应变计　　　　　　　　　　　　b) 振弦检测仪

图 6-24　应变测试系统

通过应变计测量箱梁的应变，获取控制截面的应力分布情况，并与设计值进行比较，及时将比较结果反馈给设计、现场监理和施工单位等，完成信息化施工控制全过程。

（3）传感器安装

在传感器的安装过程中，应保证传感器能全面监测梁段的实际受力状况。在有限元模型计算中，计算结果包含了每一个梁体单元顶缘和底缘的应力，因此将顶板的传感器绑扎在顶层钢筋上，底板的传感器绑扎在底层钢筋上。

传感器的安装位置应尽量靠近梁段顶板的顶部和底板的底部。在传感器的绑扎过程中，传感器用扎丝牢靠地绑扎在顺桥向的主筋上，禁止焊接。由于每根传感器和长导线连接，在混凝土浇筑过程中为了不使导线损坏，导线要顺着钢筋走，用扎丝固定。为了保证埋设的成活率和测量的高精度，需对埋设质量进行细致的检查，防止由于混凝土浇筑过程中对传感器的破损、位移，防止导线短路，走线位置尽量避免各种施工干扰因素。在施工过程中，要做好相应的防护工作。

（4）传感器工作

箱梁的悬浇主要包括以下工序：

①混凝土浇筑、凝固。

②预应力钢绞线张拉。

因此，应力测量也参照上述两个工序进行划分，分别对两个工序及特殊情况下的应力进行跟踪监测，并对体系转换后箱梁的应力进行监测，直至全桥竣工。

考虑到混凝土应力测量的特殊性（结构较大，应变滞后时间较长），选在每一工况结束后的3~6h进行应变测量。

3）线性控制精度、目标及成果形式

（1）控制精度

本桥拼装过程中线形的控制精度见表6-5。

梁段拼装时的线性控制精度 表6-5

序号	项目	容许偏差（mm）
1	箱梁全长	±15
2	箱梁跨度	±15
3	梁段纵向偏离设计位置	±5
4	梁段横向偏离设计位置	±5
5	相邻梁段中心线偏差	2
6	梁段摆放的垂直度	每米高度内≤3
7	挠度调整与设计值偏差	±2
8	湿接缝长度偏差	±10

（2）控制目标

通过对比线形的理论计算和实测结果，制定了以下控制目标：

①成桥后高程差应符合设计要求和验收标准。

②成桥后箱梁控制点高程与设计值的差值、线形偏位应符合验收标准。

（3）成果形式

根据本桥的施工内容和顺序提交阶段性的监控报告，成桥后再提交施工监控总报告，主要包括以下成果形式：

①阶段性报告

每一施工阶段的监控指令及监测结果报告；每个工序完成后的监测报告；月度监测报告。

②总报告

全桥施工监控的总结，包括桥梁概况、施工方法、应力监测结果分析、线形控制结果与分析等。

4）施工监控现场部署

（1）现场监控流程

现场各阶段监控工作的开展流程和主要内容详见表 6-6。

现场监控工作的开展　　　　　　　　　　　　　　　　表 6-6

造桥机拼装	派驻测试人员进场开始前期工作
造桥机预压	收集托架预压的弹塑性变形值
造桥机过孔	计算造桥机荷载与挠度变化曲线
悬吊节段梁	（1）节段梁施工前，现场负责人及主要施工监控人员进场； （2）按照相关技术要求，运梁车喂梁、悬吊、粗调、精调，现场技术人员通过预拱度值指导节段梁精确定位
浇筑湿接缝	埋设湿接缝应力测试元件和沉降标，派驻测试人员进行箱梁应力、温度监测；提供支座预偏量
张拉预应力	派驻测试人员进行箱梁应力、温度监测；张拉过程中指导调整悬吊钢棒外露尺寸，避免上拱力过大
二期恒载施工	施工完成后，对全桥所有线形测点、应力测点进行通测

（2）施工监控反馈与分析报告

根据本桥的实际施工情况，将施工控制中需要反馈的信息记录为七类报表，见表 6-7。

七类记录性报表　　　　　　　　　　　　　　　　表 6-7

序号	数据表名称	序号	数据表名称
记录报表 1	主梁施工观察数据表	记录报表 5	梁跨拼装高程测量和调整数据表
记录报表 2	桥机变形观测数据	记录报表 6	应力应变测试数据记录表
记录报表 3	梁体上拱观测数据	记录报表 7	应力应变实测值与理论值比较表
记录报表 4	施工监控指令表		

施工控制分析报告需在第二批钢束张拉完毕和线形通测后提交（称为"阶段控制报告"），当出现异常情况时，施工控制组应提交相应的分析报告供相关单位进行参考，其中分析报告主要包括以下内容：

①线形误差分析报告，主要包括线形误差计算、轴线误差计算、误差形态分析。

②应力测试结果分析报告，主要包括应力测试结果、温度场测试结果、结构施工安全度评价报告、结构施工安全预警报告。

③施工监控建议报告，主要包括对总体施工误差和安全状态的评价、对容许施工误差度的调整等内容。

（3）施工监控总结和报告

在完成荷载试验或全桥通车后 30d 内，提交施工监控报告及完整的相关资料，并请有关专家评审验收。

>>> 第**7**章

华福特大桥工程实例

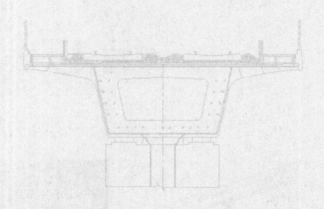

▶▶ 7.1　工程概述

7.1.1　工程简介

华福特大桥为一双线特大桥，位于重庆市九龙坡区石坂镇高农村，全长 1212.299m，起讫里程为 DK14＋557.271～DK15＋769.55，该桥采用(1×24＋1×32＋2×64＋15×64＋1×32)m 的桥跨布置，桥梁立面桥型如图 7-1 所示。

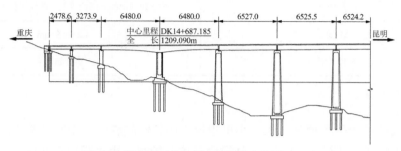

图 7-1　华福特大桥示意图（尺寸单位：cm）

该桥采用 15 孔 64m 预制拼装简支箱梁，梁体采用单箱、单室、等高度预应力混凝土结构，梁顶宽 12.6m、底宽 6.7m、高 5.52m，梁顶横向设 2% 的排水坡。64m 预制拼装箱梁全长 65.1m，计算跨度为 62.7m，采用长线法预制，TP64 型架桥机拼装架设。为便于施工，每孔箱梁采用奇数分块，跨中不设接缝，对称布置，其中每孔划分 17 个节段（2.55m 和 4m 两类），包括 16 个胶接缝。全桥共计 255 个节段，单个梁段最重约 183t。

接缝面剪力键按密键形式布置，剪力键采用梯形，键顶宽 5cm，键根部宽 15cm，键高 5cm，接缝采用无溶剂型双组分触变性桥梁专用环氧黏结剂，在移动支架架桥机上整孔组拼，整孔张拉预应力施工。除在腹板布置剪力键外，还在顶板和底板布置一定数量的剪力键，剪力键同样为梯形，接缝采用密封垫圈＋涂胶的方式密封，采用闭孔发泡聚乙烯材料作为密封垫圈材料，密封圈尺寸：环宽 10mm，内环直径比预应力孔道直径大 5mm，厚 5mm。

桥梁断面形式如图 7-2 所示，主要技术参数如表 7-1 所示。

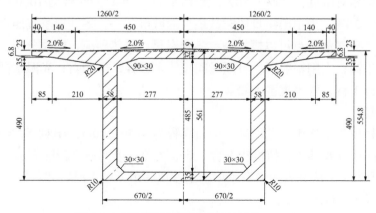

图 7-2　节段箱梁断面图（尺寸单位：cm）

华福特大桥主要技术参数 表 7-1

类型	说明
铁路等级	I 级
设计车速	350km/h
正线数目	双线
牵引类型	电力
线路情况	位于缓和曲线和圆曲线上，曲线半径 $R \geqslant 7000m$
线间距	4.2～4.956m
轨道类型	有砟轨道

7.1.2 地形地貌

华福特大桥位于软土地区，大、小里程位于山体陡峭斜坡，中间地势平坦，主要由水田、人工弃土组成。桥梁 0～4 号、7 号墩台基坑开挖后，小里程段存在顺层。本工程特殊岩土为松软土及人工弃土，其中松软土分布于 DK14＋785～DK14＋812 段（水田）、DK14＋968～DK14＋975 段（溪沟）以及人工弃土之下，土层厚 0～6m；人工弃土分布于 DK15＋045～DK15＋435 段，土层厚 4～30m。

7.1.3 气候水文

1）气象特征

重庆属于亚热带季风性湿润气候，年平均气温为 16～18℃，其中长江河谷的巴南、綦江、云阳等地达 18.5℃以上，东南部的黔江、酉阳等地在 14～16℃，东北部海拔较高的城口仅 13.7℃，最热月份平均气温 26～29℃，最冷月平均气温 4～8℃。重庆年平均降水量较丰富，大部分地区在 1000～1350mm，降水多集中在 5～9 月，占全年总降水量的 70%左右。

重庆年平均相对湿度在 70%～80%，属于高湿区。年日照时数为 1000～1400h，日照百分率仅为 25%～35%，为中国年日照时数最少的城市之一，冬、春季日照更少，仅占全年的 35%左右。主要气候特点可以概括为：冬暖春早，夏热秋凉，四季分明，无霜期长；空气湿润，降水丰沛；太阳辐射弱，日照时间短；多云雾，少霜雪；光温水同季，立体气候显著，气候资源丰富，气象灾害频繁。

2）工程地质

华福特大桥位于重庆市九龙坡区，地面高程为 315～340m，相对高差约 25m，地表多为旱地，少量民房分布其中，植被较发育。地表覆盖有第四系全新统人工弃土（Q_4^{ml}）、残坡积土层（Q_4^{dl+el}），下伏基岩为侏罗系中统上沙溪庙组（J_2s）泥岩夹砂岩，主要特征如下：

（1）人工弃土（Q_4^{ml}）

人工弃土呈灰黄、灰色及灰褐等杂色，松散，稍湿，成分复杂，主要为粉质黏土、砂泥岩碎块石等建筑弃渣，主要分布于线路附近弃土场及沟槽内，堆填年限不确定，局部稍厚。

（2）粉质黏土（Q_4^{dl+el}）

粉质黏土呈紫红色，硬塑状，干强度中等，韧性中等，主要由黏粒和粉粒组成。分布于丘坡表层，厚度为 0～2m，局部偏厚，属Ⅱ级普通土，D1 组填料。

（3）泥岩夹砂岩（J_2s）

泥岩夹砂岩为紫红色泥岩、暗紫红色泥岩、粉砂质泥岩，夹黄灰色、青灰色中厚层状粉砂岩，泥质胶结，暴露于空气中易风化崩解、遇水易软化。全风化带（W4）呈土状；强风化带（W3）呈碎石状结构；弱风化层（W2）属Ⅳ级软石。因泥岩暴露于空气中易风化崩解、遇水易软化，且具膨胀性，不建议直接作车站填料。

7.1.4　技术标准

该桥主要参照以下技术标准进行施工：

（1）《铁路混凝土工程施工技术规程》（Q/CR 9207—2017）。

（2）《铁路工程测量规范》（TB 10101—2018）。

（3）《铁路工程土工试验规程》（TB 10102—2023）。

（4）《高速铁路桥涵工程施工技术规程》（Q/CR 9603—2015）。

（5）《铁路工程基本作业施工安全技术规程》（TB 10301—2020）。

（6）《铁路桥涵工程施工安全技术规程》（TB 10303—2020）。

（7）《铁路工程施工组织设计规范》（Q/CR 9004—2018）。

（8）《高速铁路桥涵工程施工质量验收标准》（TB 10752—2018）。

（9）《预应力筋用锚具、夹具和连接器应用技术规程》（JGJ 85—2010）。

（10）《高速铁路预制后张法预应力混凝土简支梁》（GB/T 37439—2019）。

（11）《铁路后张法预应力混凝土梁管道压浆技术条件》（TB/T 3192—2008）。

7.2　工程特点

（1）上部结构采用节段拼装、预制架设、支架现浇以及 T 构连续梁（转体）施工，施工工艺多、难度大。

（2）全桥有 15 跨，共计 255 个节段，线形控制难度高。

（3）梁段均在移动支架上组拼，干拼缝施工、箱梁张拉质量难控制。

（4）单个梁段最重高达 183t，吊装难度大、拼装风险高。

7.3　简支箱梁预制施工

7.3.1　预制施工流程

本项目简支箱梁预制施工工艺流程如图 7-3 所示。

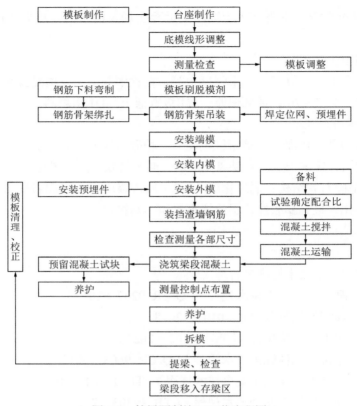

图 7-3　箱梁预制施工工艺流程图

7.3.2　梁厂建设

1）施工准备

在建设梁场前，需完成以下准备工作：

（1）场地准备

主要包括梁场的"三通一平"、梁场硬化、制梁台座施工等施工前的准备工作。

（2）材料准备

主要包括砂石料、水泥、钢筋、波纹管等各种材料、物资、机具的准备。

（3）设备进场

主要包括大型、小型门式起重机，混凝土生产、养护设备、模板和钢筋加工设备按工期进度分批到位。

（4）设备安装

主要包括大型、小型门式起重机的安装、制梁模板的安装等。

2）梁场总体设计

梁场长 368m，宽 27m，占地面积约 15 亩（1 亩 ≈ 666.67 m²）。根据现场地形条件和全桥孔跨布置，梁场设置在桥尾路基段，包括存梁区、制梁区、钢筋绑扎区、钢筋存放及加工区，如图 7-4 所示。其中存梁区占地 4906m²、制梁区占地 2662m²、钢筋绑扎区占地 675m²、钢筋存放及加工区占地 1675m²，并沿小里程方向设置 2%的纵坡。

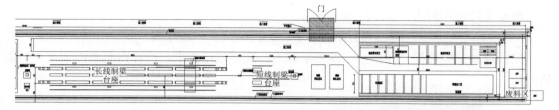

a) 钢筋加工区及制梁区

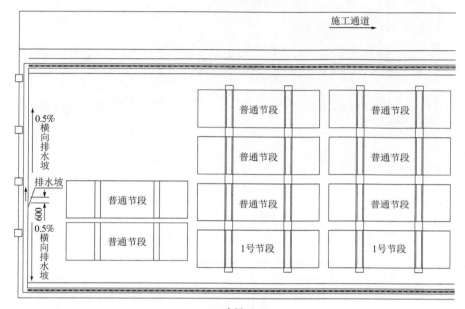

b) 存梁区

图 7-4　梁场总体布局（尺寸单位：cm）

梁场地面采用 C20 混凝土硬化，并设置排水沟，且四周采用防护围挡封闭。拌和站配备 2 台 HZS180 拌和机，10 个料仓，可以满足梁场预制时的混凝土供应。此外，沿施工便道可通往制梁场，能充分保证混凝土的正常运输。

3）台座

（1）短线台座

①台座设计

梁场共设置一个短线台座，其中台座沿节段纵向布置，由 2 个 3.1m × 1m × 1m 条形混凝土块组成，台座顶两侧预埋∟75mm × 75mm × 5mm 的角钢，如图 7-5 所示。台座基础采用 4.1m × 1.6m × 0.5m 的混凝土扩大基础，台座模板走行轨道采用 P38 标准轨道。

②台座基础

短线台座基础如图 7-6 所示。由于制梁台座为 2 个混凝土块，每个混凝土块下采用条形基础（1m × 3.1m × 0.2m），按最不利工况考虑，即两个条形基础承重考虑，此时台座重量为：

$$1 \times 3.1 \times 1.2 \times 2.5 = 9.3t$$

台座受力面积为：

$$(1 + 0.2 \times 2) \times (3.1 + 0.2 \times 2) = 1.4 \times 3.5 = 4.9m^2$$

地基受到的压强为：

$$P = (183/2 + 9.3 + 10) \times 104/4.9 = 227kPa$$

根据现场试验数据，压强小于地基承载力，满足设计要求，同样在基础内铺设一层钢筋网片。

图 7-5 短线制梁台座

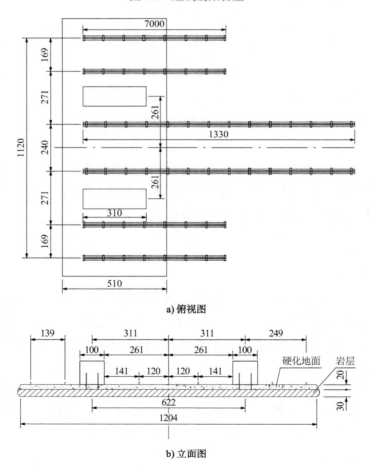

图 7-6 短线制梁台座俯视及立面图（尺寸单位：cm）

（2）长线台座

①台座设计

梁场共设置一个长线台座，其中台座沿节段纵向布置，长 68.22m，由 3 个 9m×1m×1m 的条形混凝土块组成，台座顶两侧预埋∟75mm×75mm×5mm 角钢，如图 7-7 所示。台座基础采用 9m×1m×1m 的混凝土扩大基础，并采用 20cm 的 C30 混凝土找平，台座模板走行轨道采用 P38 标准轨道。

图 7-7 长线制梁台座

②台座基础

长线台座基础承载力按图 7-8 进行计算。由于制梁台座为 3 个混凝土块，每个混凝土块下采用条形基础（1m×4.45m×0.2m），存梁间距 0.6m，按最不利工况考虑，即两个条形基础承重考虑，此时台座重量为：

$$1 \times 4.45 \times 1.2 \times 2.5 = 13.35t$$

台座受力面积为：

$$(1 + 0.2 \times 2) \times (4.45 + 0.2 \times 2) = 1.4 \times 4.85 = 6.79m^2$$

地基受到的压强为：

$$P = (183/2 + 13.35) \times 104/6.79 = 155kPa$$

根据现场试验数据，压强小于地基承载力，满足设计要求。同样，在基础内铺设一层钢筋网片，以防止基础不均匀沉降而导致开裂。

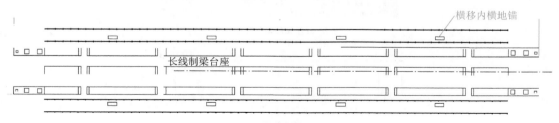

a) 俯视图

图 7-8

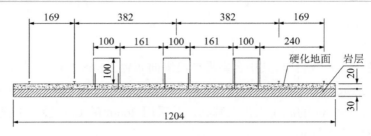

b) 立面图

图 7-8　长线制梁台座俯视及立面图（尺寸单位：cm）

（3）存梁台座

① 台座设计

存梁台座由 2 个混凝土块组成（5m × 0.8m × 0.5m），且在每个混凝土块下设置条形基础，并使用 20cm 厚的 C30 混凝土找平，如图 7-9a）所示。

② 台座基础

存梁台座基础承载力按图 7-9b）进行计算。由于存梁台座为 2 个混凝土块，每个混凝土块下采用条形基础（0.8m × 5.0m × 0.2m），存梁间距 1m，此时台座重量为：

$$0.8 \times 5 \times 0.7 \times 2.5 = 7t$$

台座受力面积为：

$$(0.8 + 0.2 \times 2) \times (5 + 0.2 \times 2) = 1.2 \times 5.4 = 6.48m^2$$

地基承受的压强为：

$$P = 190 \times 104/6.48 = 293kPa$$

根据现场试验数据，原状土地基承载力约 300kPa，满足使用要求。为避免基础不均匀沉降而导致开裂，与门式起重机轨道基础设计相同，在基础内放入一层钢筋网片。

a) 存梁台座布置

b) 存梁台座基础

图 7-9　存梁台座（尺寸单位：cm）

4）门式起重机

①门式起重机设计

梁场共设置 2 台 20t 小型门式起重机、1 台 200t 大型门式起重机，其中大型门式起重机为单侧单轨形式，跨度 24m，高 23m，提升高度 20m，小型门式起重机跨度 24m，高 18.4m，提升高度 16m，小型门式起重机与大型门式起重机共用两侧轨道，如图 7-10 所示。制梁台座在大型门式起重机走行线路上并行设置，端头设置 2 座观测塔，从而对制梁进行强制对中控制。

a) 侧视图　　　　　　　　　　　　　　　　b) 正视图

图 7-10　200t 门式起重机提升示意图

模板采用整体式钢模板，其中长线台座配备 3 套模板，并配备 2 套绑扎胎具进行钢筋绑扎，短线台座配备 1 套模板，钢筋进行原位绑扎。当梁段养护至设计强度 75% 时，方可利用 200t 大型门式起重机将其吊运至存梁台座上。存梁区采用双层存梁方式，共设置 12 列台座，其中每列台座可存放 4 排，外加 2 排整修台座，可存梁 84 片。

此外，在钢筋加工区设置 2 个彩钢棚，内设钢筋加工区、原材料存放区、半成品存放区及预埋件存放区各一个。

②门式起重机轨道基础

由于本项目最重节段为 0 号、16 号段，重达 183t，钢筋用量最重节段为 1 号段，重达 15t，其余节段钢筋重量均小于 9t，液压箱梁模板单块最大重量不超过 5t，因此轨道基础设计为条形基础，采用 C30 混凝土浇筑，其中基础宽 1.6m，深 0.5m，并按 183t 吊重进行受力验算。

a. 荷载计算

门式起重机自重：100t。

最大荷重：最大起吊物为 0 号、16 号梁段，重约 183t。

单腿分担荷载：

$$183 \times 21/24 = 1601.25 \text{kN}$$

此时，单侧最不利荷载为：

$$100/2 + 160.125 = 2101.25 \text{kN}$$

b. 受力分析

由于单侧荷载平均分配给 8 个走行轮，则每个支腿所承受的荷载为：

$$210.125/2 = 1050.6\text{kN}$$

当存在冲击影响时，则每个支腿所承受的最大荷载为：

$$205.06 \times 1.1 = 1155.66\text{kN}$$

其中，单个走行轮的轮压为 $1155.66/4 = 288.9\text{kN} < 2500\text{kN}$，满足使用要求。

c. 地基受力分析

地基受力分析参照图 7-11 进行。由于基础宽 1.6m，轮组间距为 0.60m，扩散角为 45°，并采用 50cm 混凝土处理，此时地基受力面积为：

$$(1.6 + 2 \times 0.50) \times (3 \times 0.6 + 2 \times 0.50) = 2.6 \times 2.8 = 7.28\text{m}^2$$

地基承受的压强为：

$$P = 115.566 \times 104/7.28 = 159\text{kPa}$$

根据现场试验数据，原状土地基承载力约 300kPa，满足使用要求。考虑到原状土承载力较弱，为避免基础不均匀沉降导致开裂，因此在基础底部铺设一层钢筋网片。

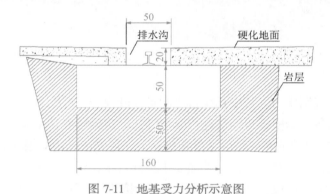

图 7-11　地基受力分析示意图

5）模板

梁体预制模板采用 Q235 钢制模板，共设置 3 套长线模板和 1 套短线模板。模板由底模、外侧模、内模、端模及相互连接体系等组成，其中底模为一基准平面，端模立在底模上，侧模和内模则包住端模，利用螺栓和对拉杆将其连为刚性整体，如图 7-12 所示。

侧模、底模均根据最长节段设计，设计长度为 4420mm。底模面板厚 10mm，背肋采用 I18，间距小于 300mm；侧模和内模面板厚 8mm，背肋采用壁厚 6mm 的方管，间距小于 300mm。内模小车轨道采用 10cm 实心钢。

在施工中，先将底模固定在台座上，采用敞口直接灌注，插入式振捣棒直接振捣，并在灌注完成后压盖木板以防止返浆；侧模与内模为体内对拉形式，拉杆采用 $\phi 25$mm 精轧螺纹钢；内模采用整体式大块钢模板，支承在纵梁滑道上，可在纵梁滑道上移动。滑道立柱采用桁架搭立，底部与台座之间浇筑混凝土进行固定，并用丝杠调节内模高度，不仅能作为内模横向支承，同时能解决脱模问题。

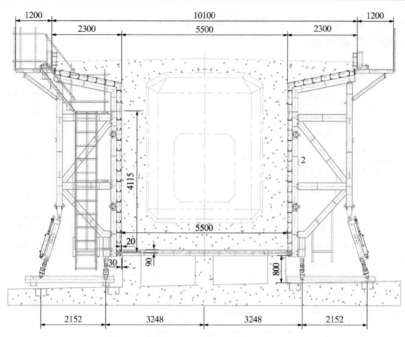

图 7-12 模板示意图（尺寸单位：mm）

（1）模板加工

为保证梁体外形尺寸满足设计要求，采用内、外、底模包端模的方式进行加工。由于端模为一整体钢模，为保证其强度与刚度，在端模上预留钢筋及橡胶棒安装孔。模板选择经验丰富、信誉良好的专业厂家进行定点加工制造，加工精度如表 7-2 所示。

模板加工精度　　　　　　　　　　　　　　　　　表 7-2

序号	项目	精度误差（mm）
1	各块模板平面几何尺寸允许误差	0～−2
2	每块模板对角线误差	3
3	模板表面平整度	1
4	板面及板侧挠度	1
5	面板端偏斜	≤0.5
6	组合内模及各套模板间（相邻节段）接缝错台	0.5
7	连接螺栓孔眼中心位置允许误差	0.5
8	肋高	±5
9	预应力管道及封锚位置允许误差	2

（2）模板安装

模板安装程序为：出厂前试拼→进场后正式拼装→验收合格→交付使用。

模板安装顺序为：底模调整就位→端模→内模→侧模。

模板试拼结束后，应检查以下项目：底模预设的反拱和压缩量；底模安装完成后的全长、跨度、宽度以及支座板处的平整度、预留孔，端模锚穴的水平角及竖直角，侧模的倾斜度及安装完成后的长度、宽度、高度及预埋件的尺寸等。

模板安装精度要求见表 7-3。

模板安装精度要求 表 7-3

序号	检查项目	允许偏差（mm）	检测方法
1	侧、底模板全长	±10	尺量检查各不少于 5 处
2	底模板宽	+5，0	尺量检查不少于 5 处
3	底模板中心线与设计位置偏差	2	拉线量测
4	桥面板中心线与设计位置偏差	10	
5	腹板中心线位置偏差	10	尺量检查
6	隔板中心线位置偏差	5	
7	模板垂直度	每米高度 4	吊线尺量检查不少于 5 处
8	侧、底模板平整度	每米长度 3	1m 靠尺和塞尺检查各不少于 5 处
9	桥面板宽度	+10，0	尺量检查不少于 5 处
10	腹板厚度	+10，0	
11	底板厚度	+10，0	
12	顶板厚度	+10，0	
13	隔板厚度	+10，0	
14	端模板预留预应力孔道偏离设计位置	1	尺量检查

（3）模板稳固性

应检查附属加劲结构、焊接质量、表面钢板质量，模板紧固螺栓是否全部拧紧等。

（4）接缝处理

模板接缝处、锚垫板与模板锚穴连接处均设置止漏胶条，且保证模板内侧无水泥结皮和残渣，其中脱模剂采用喷雾器喷涂，并确保均匀。

6）观测塔

预制台座两端分别设置 1 座观测塔，以保证梁段的预制精度。观测塔基础尺寸为 5m×5m×0.3m，塔身为一个 1.2m×1.2m×4.7m 的混凝土墩，采用 C30 混凝土浇筑，如图 7-13 所示。为便于测量，在墩顶插入一根 1.5m×ϕ370mm 的钢管，并灌注 C30 混凝土，同时在混凝土顶面预埋强制对中基座。

图 7-13 观测塔

7）原材料加工、存放区

原材料加工、存放区设置在梁场小里程侧，为一轻型钢结构加工棚。加工棚采用钢管作为骨架，彩钢瓦作为顶棚，棚内地面采用 C30 混凝土硬化，通过在底部设置滑轮轨道，四周埋设地锚拉线，从而保证使用过程中钢筋棚的固定，如图 7-14 所示。加工棚按照使用功能分为：原材料堆放区、钢筋加工区、半成品存放区、波纹管存放区，其中钢筋需离地0.2m 以上，并集中堆放在工字钢枕梁上，以满足材料存放、防雨防潮、通风的要求。

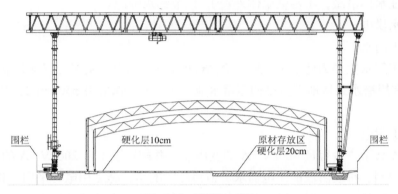

图 7-14　钢筋加工棚

加工区应悬挂安全操作规程、文明施工标牌，各种原材料、半成品或成品应按其检验状态与结果、使用部位等进行标识，禁止露天堆放或仅用彩条布等简单覆盖。

8）喷淋养护系统

为提高预制质量，梁场设置了一套自动喷淋养护系统，主要包括制梁区养护和养护区养护，如图 7-15 所示。养护系统包括 1 个蓄水池、1 个沉淀池、4 个修整台座，其中修整台座设置为基坑形式，可储备水源，4 个修整台座基坑通过连通管连为整体，从而保证水位自流通平衡。当水流从蓄水池流出三通管后，单向通向制梁台座，并在每个制梁台座两侧以及底部设置出水阀，通过调节台座底部的出水阀来进行养护控制。

图 7-15　混凝土养护

此外，蓄水池内安装了一台自动化抽水设备，可根据实际需求调节供水量、供水时间以及养护时间等，实现了各节段梁的单独喷淋养护，避免了非养护梁段的水资源浪费。

9）排水系统

梁场施工排水主要包括混凝土养护用水、设备清洗用水及雨水。为保证施工区域的有序和整洁，在场内分别设置了主排水沟和辅助排水沟，其中两种排水沟相互连通，主排水沟主要用于纵向排水，利用门式起重机轨道作为纵向排水沟，往存梁区方向设置了 2‰ 的纵坡，从而将积水排入梁场端部沉淀池。副排水沟设置在场内，主要用于横向排水，通过设置 5% 的横向排水坡，从而将积水排入沉淀池。在此基础上，将沉淀过滤后的水用作养护用水（须保证水体清澈，不污染梁体外观），以节约水资源。

10）供水供电

（1）施工用水

梁场施工用水主要为地下水，须经检测合格后方可使用。此外，梁场建立了 1 个 $10m^3$ 的蓄水池，利用潜水泵从地下直接抽至蓄水池，其中供水管采用 $\phi 50mm$ 的焊接钢管，并从蓄水池接出。

（2）施工用电

在梁场安装了一台容量 400kV·A 的变压器，并配置了 1 台 200kV·A 的备用发电机，以满足梁段预制、拼装阶段的用电需求。值得注意的是，施工用电均采用三相五线制，当从变压器配电房拉至梁场后，通过配电箱进行转接，从而保证梁场的施工用电安全。

11）消防安全

施工现场修建的临时房屋、照明线路、库房等均须符合防火、防电、防爆要求，并配备足够的消防设施。在场区及其他相关区域应做好防电、防火工作，现场材料的堆放、储存应符合防火要求，同时明确重点防火部位，制定严格防范措施，并每月定期检查一次。

施工现场消防器材应有专人负责保养，定期检查，并记录检查日期与责任人。此外，应加强环境保护工作，及时清理不必要的障碍物、设备、材料以及各类存储物品，以保证施工安全。

7.3.3　节段梁预制

1）总体预制步骤

由于 0 号、16 号段采用短线法预制，1～15 号段采用长线法预制，因此在施工时，先在短线台座上预制 0 号、16 号段，成品后将 0 号、16 号段吊入长线台座，再采用三维调节小车精确定位，然后匹配预制 1～15 号节段。

主要预制步骤如下：

（1）调整短线台座底模至设计位置，在短线台座上立模、绑扎钢筋，浇筑 0 号、16 号节段，如图 7-16a）所示。

（2）调整长线台座底模至设计位置，将 0 号、16 号节段分别移至长线台座两端，再采用三维调节小车精确调整并定位，如图 7-16b）所示。

（3）将 1 号、15 号节段与 0 号、16 号节段进行匹配，安装调整 1 号、15 号节段的模板系统及钢筋骨架，浇筑 1 号、15 号节段的混凝土，如图 7-16c）所示。

（4）按以上步骤依次预制 2 号、14 号，3 号、13 号，4 号、12 号，5 号、11 号，6 号、10 号，7 号、9 号节段，最后预制 8 号段，如图 7-16d）所示。

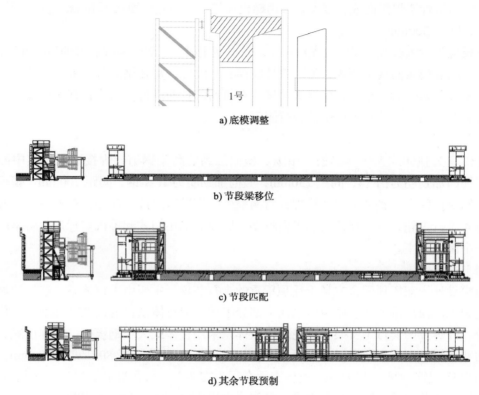

a) 底模调整

b) 节段梁移位

c) 节段匹配

d) 其余节段预制

图 7-16　节段梁预制步骤

2）模板工程

（1）模板配置

节段预制时的钢模板由底模、外侧模、内模、端模及相互连接体系等组成，分为端头段模板和标准段模板两大类，如图 7-17 所示，其中端头段模板适用于 0 号、16 号节段，标准段模板适用于 1～15 号节段，因此共设置 1 套端头段模板，15 套标准段底模，3 套标准段内外模和移动端模，2 套三维调节台车。

a) 端头短线段模板实拍图

b) 标准段长线台座模板实拍图

图 7-17　模板配置图

（2）底模

底模设置为可调固定式，并通过调整钢垫块的高度来设置底模预拱度。底模由钢面板及纵、横向钢骨架焊接而成，接头处采用螺栓连接，其中底模面板厚 8mm，横向钢骨架为 H 型钢，间距 300mm。

底模应设专人验收，表面应光滑平整。底模使用时，应随时检查底模的反拱和下沉量，并及时清除底模表面残余灰浆，均匀涂抹脱模漆。此外，每孔梁的首、末节段均需设置支座预埋钢板及防落梁钢板，其中钢板预埋应在钢筋绑扎前进行，并检查其平整度、各角点的相对高差，预埋后及时采用螺栓进行固定。

（3）外模

外侧模为整体式大块钢模板，由纵、横向加劲肋和型钢桁架焊接而成，其中面板厚 8mm，横向加劲肋为槽 14，间距 250mm，竖向加劲肋为 H 型钢，间距 200mm。模板顶部采用槽钢对拉固定，底部采用对拉螺栓对两扇外侧模进行定位。此外，在外模及支架支腿下设置 4 个行走轮，以实现侧模的纵向移动，脱模后采用门式起重机与行走轮将梁段纵移到下一个制梁台座。

（4）内模

内模设计为液压顶配合支架千斤顶承重的走行装置，主要由走行体系、液压顶调节装置和支架千斤顶承重体系、模板体系四个部分组成。走行体系将两根 P38 标准轨道作为滑道部分，并焊接两套行走支架和滑轮。模板体系采用整体式大块钢模板，同样由纵、横向加劲肋和型钢桁架焊接而成，其中面板厚 6mm，横向加劲肋为槽 80，间距 300mm，竖向加劲肋为 H 型钢，间距 150mm，模板支承在行走支架上，可在滑道上移动。在此基础上，利用液压顶调节内模高度或脱开内模，可解决内模横向支承、脱模的问题。

（5）端模

端模设计为拆装方便的组合整体钢模，由钢板、横竖向加劲肋和型钢桁架焊接而成，其中面板厚 8mm，横竖向加劲肋为扁铁，厚 12mm，间距 400mm。端模与侧模、底模之间采用螺栓连接，并通过液压顶与侧模的连接来承担混凝土浇筑时的水平推力。

值得注意的是，端模安装前应检查面板是否平整光洁、有无凹凸变形等，且当剪力键及预应力孔道制孔器逐个与端模螺栓连接后，方可安装端模。此外，后浇筑的梁段以先浇筑的梁段作为端模，并在其端面涂刷隔离剂来分离梁段。

（6）脱模剂

脱模剂按照 25m²/kg 用量进行涂刷，涂刷时要求模板清洁干净，且涂刷均匀。

（7）隔离剂

隔离剂选取精面粉 + 双飞粉 + 水，并按照 1：2：4 的比例配制而成。涂刷时要求均匀涂刷两遍，并在钢筋骨架入模前完成并检查。在梁段脱开后，及时采用钢丝刷、清水进行清理。

3）钢筋工程

梁场设有走行式门式起重机，梁段钢筋直接在绑扎胎具上绑扎。绑扎前，先在底模标出中线或梁端线，用于控制钢筋骨架的纵向安装位置。当骨架就位后，检查其纵向中心线是否与底模中线重合，如果存在偏差，则需进行局部调整。钢筋施工流程如图 7-18 所示。

（1）控制要点

①钢筋对焊、下料尺寸控制（含接头"同一截面"控制）。

②钢筋弯曲尺寸控制。

③钢筋绑扎尺寸控制。

④预应力管道定位及安装控制。

⑤底腹板、顶板钢筋连接控制及倒角加强钢筋控制。

⑥钢筋保护层控制。

（2）钢筋下料

钢筋下料时，严格按照以下步骤进行：备料→画线（固定挡板）→切断→堆放，其中下料误差为 ±10mm。

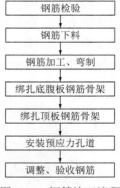

图 7-18　钢筋施工流程

①画线（固定挡板）

画线时避免用短尺量长度，防止造成累计误差。在切断机与工作台相对固定的情况下，在工作台上设置尺寸刻度线，并以切割机的固定刀口作为起始线。为保证钢筋不超过刻度线，在工作台上安装可以固定断料尺寸的挡板。

②切断

调直后的盘条钢筋（长束钢筋）采用砂轮切割机进行断料，其余钢筋采用钢筋切断机断料。钢筋切断机的刀片与刀口要密合，螺丝要紧固，其中对直径 ≤20mm 的钢筋刀片重叠 1～2mm，对直径大于 20mm 的钢筋预留 5mm 间隙。在切断过程中，如果发现钢筋劈裂、缩头或严重弯头时，必须切除。

（3）钢筋加工

钢筋加工时，严格按照以下步骤进行：准备→画线→试弯，其中弯曲误差为：全长 ±10mm，弯起位置 ±20mm，箍筋内径 ±3mm。

钢筋实行工厂化加工，封闭式管理。加工场内布局材料堆放区、半成品及成品堆放区、废料堆放区以及施工作业区，且各功能分区明确。

（4）钢筋焊接

钢筋接长采用闪光对焊，综合接地钢筋采用单面焊，其中闪光对焊时，接头四周应有适当的墩粗部分，并呈均匀毛刺状，接头弯折角度不大于 3°，轴线偏移不大于 1/10 钢筋直径和 2mm。

此外，钢筋接头须设置在承受应力较小处，且在受弯构件中不得超过 50%，在轴心受拉构件中不得超过 25%，距起弯点的距离不得小于钢筋直径的 10 倍，且在同一截面、钢筋上，接头不得超过一个。

（5）预应力定位网

定位网采用 φ10mm 的圆钢加工，并在专用模具上焊接。定位网严格按照坐标加工，采用模具上的定位槽口定位，其加工主要包括腹板定位网及底板定位网。绑扎前，底板定位网按编号与同编号腹板定位网在胎具上焊接成整体，其焊接均采用点焊。定位网加工成型后，按图纸编号挂牌标明并堆放，并经检查合格后方可安装。

（6）绑扎胎具

钢筋绑扎胎具如图 7-19 所示。为保证纵横向钢筋的正确定位以及两侧腹板钢筋的保护层准确施工，在胎模具两外侧底边分别焊接∟63mm × 63mm × 5mm 的角钢，并用其竖直肢作为支挡。绑扎时，将横向筋的弯钩及腹板箍筋贴紧支挡，以实现钢筋的准确定位以及外侧钢筋的整齐排列。

a) 钢筋绑扎胎具   b) 梁段钢筋在胎具上绑扎

图 7-19   钢筋绑扎胎具示意图

此外，为控制腹板箍筋在横梁方向的倾斜度及梁长方向的垂直度，在腹板两侧焊接∟63mm × 63mm × 5mm 的角钢，并在紧贴腹板一侧的角钢上按设计位置切出槽口。绑扎前，按腹板设计角度连接固定角钢，并将钢筋对应放入缺口内，以实现钢筋的准确定位。

（7）骨架吊装

梁段钢筋骨架采用横吊梁（扁担）四点起吊，如图 7-20 所示，其顶板钢筋下设置型钢，扁担与型钢采用 3t 的铁链连接，并与底板钢筋连接。为防止挂点处绑线脱落、钢筋变形，对挂点附近的钢筋绑扎点进行点焊加强，并增加绑线、短钢筋的数量。

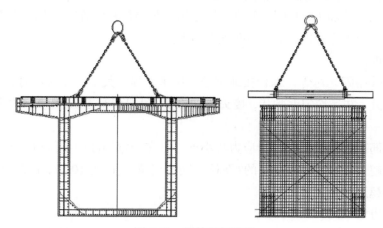

图 7-20   钢筋骨架吊装

（8）钢筋绑扎

除 1 号段在制梁台座上绑扎以外，普通梁段的钢筋绑扎均在胎模具上绑扎，如图 7-21 所示。钢筋绑扎时，必须保证最外层钢筋的净保护层厚度在 3.5～5cm。普通钢筋位置与预应力管道、定位筋、锚头、锚垫板、螺旋筋及预留孔道相抵触时，可适当调整普通钢筋位置。若普通钢筋与预应力钢筋位置发生冲突，可将普通钢筋适当移动，但不可随意截断。顶板、腹板、底板钢筋网间距和横隔板沿厚度方向的联系筋间距均为 37.5cm，呈梅花形，联系筋应将腹板内外及顶、底板上、下钢筋网钩住连接，并在交叉处绑扎点焊。

a) 钢筋吊装

b) 梁体钢筋入模

c) 梁体钢筋布设

d) 剪力键钢筋网片

图 7-21　钢筋绑扎实拍图

腹板箍筋各内角点设置纵向钢筋，当位置存在偏差时，可将靠近角点的纵向钢筋移至角点。施工时，根据实际泄水坡厚度，在保证最小保护层厚度的同时适当调整内、外层箍筋的竖向高度，同时剪力键接头处铺设一层 8cm×8cm 的钢筋网，且纵向钢筋及钢筋网保护层不小于 20mm。

（9）保护层垫块

由于梁段底板、腹板、顶板的保护层设计厚度为 3.5cm，为保证其准确施工，在钢筋与模板之间设置保护层垫块，其中垫块的强度和耐久性指标与梁段相同。垫块的布置原则如下：

①梁底、顶板的垫块应绑在纵向钢筋上，且底板垫块距其两侧边缘的距离应大于 100mm。

②腹板垫块应绑在钢筋交叉处。

③顶板垫块、每根起弯筋底弯处需绑上垫块，其他紧贴模板的钢筋应酌情设置垫块。

④放置的垫块应呈梅花形分布，其中垫块间距应不大于 0.5m，每平方米不少于 4 块，且在端头位置酌情增加垫块数量。

⑤梁段端部和变截面处应酌情增加垫块。

（10）预埋件、预留孔

梁段的预埋件、预留孔主要包括：支座预埋钢板及套筒、防落梁挡块预埋钢板、综合接地端子、接触网锚固螺栓及加强钢筋、防撞墙预埋钢筋、吊装孔、通风孔、泄水孔等。预埋件及预留孔应设置齐全、预留准确、安装牢固，且为了保证预埋质量，采用工装进行定位和固定，其中预埋件的允许偏差如表 7-4 所示。

预埋件允许偏差   表 7-4

预埋件名称	位置偏差（mm）
支座预埋钢板及套筒	高差＜1 平整度＜2 跨径偏差＜20
防落梁挡块预埋钢板	中心位置偏差＜3
综合接地端子	±20
接触网锚固螺栓	±20
防撞墙预埋钢筋	±20
吊装孔	±20
通风孔	±20
泄水孔	±20
梁顶套筒	0～5

（11）支座、防落梁预埋板

由于支座、防落梁预埋板仅设置在 0 号段和 16 号段，因此钢筋在吊装入模前，先在模板上画出支座、防落梁预埋板的螺栓孔，并采用磁力钻钻孔，通过螺栓将其固定在底模上，如图 7-22 所示。

图 7-22 支座预埋板及防落梁预埋安装

安装完成后，四个支座板的相对高差不应超过 2mm，每块支座板的平整度不应超过 1mm，且支座、防落梁预埋板的中心偏离设计位置小于 3mm，跨径偏差小于 20mm。

（12）通风孔、泄水管

在梁段腹板两侧共设置 4 个通风孔，为防止混凝土浇筑过程中通风孔的位置偏移或破损，采用预埋 ϕ100mm 的 PVC 管施工，其一端角度与外模侧模相同，另一端与腹板模板相同，并通过缠绕胶带的方式保证其与模板的密贴。此外，在 PVC 管外侧布置井字形钢筋并与主筋焊接，以保证施工中通风孔的位置不出现偏移。

桥面泄水孔在竖墙内侧桥面板及梁体中线上沿纵向设置，为 ϕ160mm 的 PVC 管，分别设置在 1 号、2 号、3 号、5 号、6 号、7 号、9 号、10 号、11 号、12 号、13 号、14 号、15 号段，其四周采用井字筋和螺旋筋进行加固。桥面板施工时，根据排水管位置设置 0.3% 的纵向汇水坡，顶板泄水孔采用翼板焊接螺母固定。泄水孔安装完成后，采用带钩丝杆与螺母连接，并通过钢板丝杆进行固定，以保证泄水孔的准确定位及安装牢固。

（13）吊装孔

梁段吊装孔分为内吊装孔和外吊装孔，均采用预埋 ϕ70mm 钢管抽拔成孔的方式施工，其中每个梁段共设 4 个吊装孔，如图 7-23 所示。

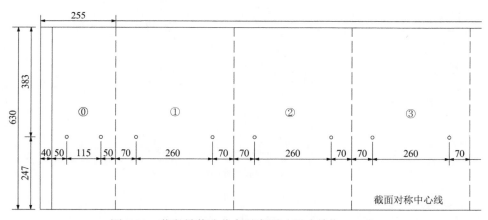

图 7-23　节段吊装孔分布示意图（尺寸单位：cm）

梁段吊装时，为保证 4 个吊点受力均衡，在顶板下缘每个吊装孔处铺设 30cm×30cm 的楔形钢垫板，其厚度不应小于 4cm。此外，在吊点底面及顶面铺设斜置的井字形钢筋，并在其周边增设 ϕ10mm 的 HPB300 螺旋筋，间距 8cm，利用限位架来保证吊孔的垂直度及位置，以保证提升过程中吊杆与承载面始终垂直受力。梁段吊装就位后，采用 C55 补偿收缩混凝土封堵吊装孔，并进行防水处理及保护层施工。值得注意的是，每次起吊梁段时，应在吊离地面约 20cm 时暂停，并检查吊具、吊点、起重机工作情况，无异常方可继续起吊。

（14）综合接地钢筋

综合接地钢筋的施工按照以下原则进行：

①接地端子进场后，应及时检查其外形尺寸、防腐处理情况。

②接地钢筋的焊缝长度应符合以下要求：单面焊 160mm，双面焊 100mm，焊缝宽度

应大于 4mm。

③在梁段浇筑前，应进行电气回路测试，保证接地钢筋各处电气的连续性。

④接地端子的防护盖应塞紧，并进行保护，以避免施工过程中接地端子受损、污染，且信号槽中的接地端子外露高度应考虑梁面防水及保护层厚度。

⑤综合接地钢筋焊接应牢固，且贯通全桥的接地钢筋任意一点的接地电阻值不应大于 1Ω。

根据以上原则，本项目在每孔箱梁距 0 号段梁端约 75cm 处的梁顶电缆槽处设置 6 个接地端子，在梁底距桥梁中心线约 80cm 处设置 2 个接地端子，其中接地端子与横向接地钢筋相连接，连接方式采用 ϕ16mm 钢筋 L 形焊接，对于单面焊，其焊接长度为 200mm，双面焊为 100mm，如图 7-24 所示。值得注意的是，在接触网支柱、遮板、防护墙等设施处均应预留连接钢筋与接地钢筋相连。

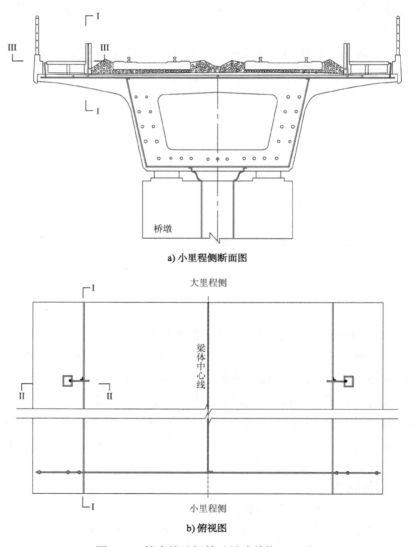

a) 小里程侧断面图

b) 俯视图

图 7-24　综合接地钢筋（尺寸单位：mm）

（15）验收

在钢筋工程完成后且浇筑混凝土前，由质检工程师对钢筋的间距、混凝土保护层、预埋件的位置及尺寸、预留孔道的位置、预应力孔道的位置等进行验收，其验收标准参照表 7-5 进行。

钢筋骨架制作安装质量检验标准 表 7-5

项次	检测项目			规定值或允许偏差（mm）	检验方法和频率
1	钢筋加工	受力筋纵长		±10	用尺量查 5 个点
2		弯起筋各部分尺寸		±20	用尺量
3		箍筋各部分尺寸		±20	用尺量 5～10 个点
4	主筋级别/直径/根数				参照 GB 50204—2015
5	两层以上受力筋层距			±5	用尺量，每构件检查 2 个断面
6	同排受力筋间距			±10	用尺量，每构件检查 2 个断面
7	钢筋绑扎	弯起点位置		±20	用尺量 5～10 个点
8		箍筋及横向水平筋间距		±10	用尺量 5～10 个点
9		钢筋骨架尺寸	长	±10	用尺量 1～2 个点
10			宽、高	±5	用尺量 1～2 个点
11	保护层厚度			0，+10	用尺量，沿模板周边检查 8 处
12	主筋连接方式及接头错开长度				用尺量
13	外观情况	骨架稳定性			目测
		锈污是否除净			目测
		搭接长度或焊缝尺寸		10d/5d	尺量

注：d 为钢筋直径（mm）。

4）混凝土工程

（1）混凝土配合比

混凝土配合比根据原材料品质、设计强度等级、耐久性及施工工艺进行试配、调整等。配置的混凝土拌合物应满足施工要求，配合比设计必须报送有关部门进行审定，并进行验证性试验。

（2）混凝土搅拌

混凝土采用拌和站统一拌制，主要按照以下原则进行：

①混凝土搅拌前，应严格测定粗、细集料的含水率，及时调整施工配合比。

②搅拌机的计量器具应定期检定，搅拌时严格按照施工配合比准确称量原材料，其最大允许偏差为：胶凝材料（水泥、矿物掺合料等）±1%；外加剂 ±1%；粗、细集料 ±2%；拌和用水 ±1%。

③混凝土投料和搅拌时间应满足施工要求，宜先向搅拌机投入细集料、水泥和矿物掺合料，搅拌均匀后，再加水搅拌成砂浆，投入粗集料、外加剂，直至搅拌均匀。

（3）混凝土运输

混凝土应随拌随用，主要分为水平运输和垂直运输两种，其中水平运输采用 4 台 10m³

混凝土运输车，负责将混凝土由拌和站运送至制梁台座；垂直运输采用 20t 小型门式起重机，负责将拌合物放入料斗，并吊至制梁台座。

（4）混凝土浇筑

梁段混凝土按照底板→腹板→顶板的顺序浇筑。混凝土采用 C55，坍落度 180mm ± 20mm，底板采用溜槽浇筑，腹板采用两侧对称分层浇筑，一次成型，加强振捣，如图 7-25 所示。在浇筑时，模板温度控制在 5～35℃，拌合物入模温度控制在 5～30℃。且斜向分段斜度不大于 5°，水平分层厚度不大于 30cm，浇筑间隔时限不超过 1h。振捣时，振捣机具距模板约 7cm，且采用快插慢拔的方式施工，其中振捣半径应小于振动棒直径的 3.75 倍。

a) 混凝土浇筑   b) 梁体混凝土收面

图 7-25　梁段混凝土浇筑实拍图

此外，混凝土浇筑应遵循"斜向分段、水平分层""先底板、再腹板对称、最后顶板，从一端向另一端，连续浇筑、一次成型"的原则。滞留时限不超过 1h，间断时限不超过 2h。混凝土强度达到 1.2MPa 前，不得在其上踩踏或安装模板及支架。

（5）混凝土养护

混凝土浇筑完成且表面收平后，采用土工布覆盖在混凝土表面，以防止水分蒸发，并使用砂石、砖块等重物进行加固，定期检查土工布的覆盖情况。在此基础上，采用自动喷淋系统进行喷水养护，如图 7-26 所示，其中养护时间间隔为 20min，每次喷淋 5min，共养护 7d。此外，当梁段强度达到设计强度 75% 时方可拆除模板，且拆除后按周期进行养护。

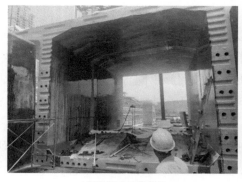 

a) 梁体箱内喷淋养护   b) 梁体外侧喷淋养护

图 7-26　梁段养护示意图

5）预应力孔道

预应力孔道采用 110mm 金属波纹管施工，所有纵向钢束均采用两端张拉方式。波纹管安装时，应保证孔道的尺寸与位置准确、平顺，其端部的锚垫板应垂直于孔道中心线，且最大偏差应小于 4mm。

波纹管与匹配梁间采用双向橡胶堵头作为接头管，其中堵头长 100mm，插入匹配孔道约 50mm，如图 7-27 所示。波纹管连接后，采用胶带密封，避免浇筑混凝土时水泥浆渗入管内造成堵塞、穿孔等现象。此外，波纹管与固定端模之间采用锥形橡胶堵头封堵，并采用胶带密封，堵头通过螺栓锚固在端模上。

图 7-27　波纹管堵头

6）模板拆除

当梁段混凝土强度达到设计强度 75%时，方可拆除模板。模板拆除顺序为：外侧模→内模→吊离节段→外侧模随下阶段预制循环。

拆模时，先利用内模系统的液压设备收缩内模，采用卷扬机牵引内模台车将内模移出。再松开侧模顶口、底口的对拉螺杆以及侧模与台座之间的锚固钢筋，通过调节侧模桁架支撑上的螺旋调节装置，使侧模同时产生水平和竖向位移，从而将侧模与混凝土分离。

值得注意的是，拆模时，梁段内部与表层、表层与环境的温差不宜大于 15℃，且模板组件拆除后，应及时清理干净并涂刷液压油，再将其吊运至模板堆场存放，以减小模板堆放期间的变形，其中拆模前，梁段外形尺寸应符合表 7-6 要求。

梁体外形尺寸验收标准　　　　　　　　　　　　　　　　　　表 7-6

序号	项目	允许偏差（mm）	检验方法
1	梁全长	±20	桥面及底板两侧
2	梁跨度	±20	支座中心至中心
3	桥面及防护墙内侧宽度	±5	梁两端、1/4 跨、跨中、3/4 跨
4	腹板厚度	+10，−5	1/4 跨、跨中、3/4 跨各 2 处
5	底板宽度	+5，0	梁两端、1/4 跨、跨中、3/4 跨
6	桥面偏离设计位置	+20，−10	从支座螺栓中心放线，引向桥面
7	梁高度	+10，−5	检查两端
8	顶板厚度	+10，0	梁两端、1/4 跨、跨中、3/4 跨各 2 处
9	底板厚度	+10，0	

序号	项目		允许偏差（mm）	检验方法
10	防护墙厚度		+15，0	尺量不少于5处
11	表面垂直度		每米偏差3	测量不少于5处
12	表面平整度		5	1m靠尺不少于15处
13	钢筋保护层厚度		90%测点不小于设计值	各部位各2处，每处不少于10点
14	上支座板	每块边缘高差	1	尺量
		支座中线偏离设计位置	3	
		螺栓孔	垂直梁底板	
		螺栓孔中心偏差	2	尺量4个螺栓中心距
		外露底面	平整无损、无飞边、防锈处理	观察
15	接触网	螺栓距桥面中心线偏差	+10，0	观察、尺量
		钢筋	齐全设置、位置正确	
		伸缩装置钢筋	齐全设置、位置正确	
		泄水管	齐全完整、位置正确	

7）梁段移存

（1）梁段养护

移存梁段期间仍需按时按需按照前述流程对梁段进行养护，达到规范要求养护效果即可。

（2）梁段整修

当梁段强度达到设计强度90%时，先将梁段吊运至整修台座，进行整修和隔离剂的冲洗，如图7-28a）、图7-28b）所示。修正完毕后方进行梁段移存，主要包括以下内容：

①对混凝土表面缺陷进行处理。

②清除梁段匹配面上的隔离剂。

③检查预应力管道。

（3）梁段移存

梁段移存采用220t的门式起重机进行，吊至存梁区前，先在箱内标记梁段孔号及梁段号，并在存梁台座上用油漆标记每片梁段的存放位置。在此基础上，利用吊杆穿在梁段端部的预留孔内进行吊装，并移运到存梁台座上，如图7-28c）、图7-28d）所示。

存梁时，按照每跨梁段的拼装顺序进行双层存放，即0号、16号、1号、15号、2号、3号、4号、5号、6号、7号、8号、9号、10号、11号、12号、14号，最后存放13号，存梁时从存梁区的端头依次进行排放，并在底层梁段的底部、上下层梁段之间、同层相邻梁段之间铺设橡胶板或枕木，以防止梁底、侧边损坏。

（4）沉降观测

在存梁台座两侧各设置4个观测点，分别位于台座外端条形基础上的两端箱梁支点位置、1/4、3/4和跨中，观测点距地面高度约10cm。存梁前后，分别对存梁台座进行沉降观测，观测精度为±1mm，读数取位至0.1mm，其中观测频率应符合表7-7的要求。

<table>
<tr><td align="center">a) 节段整修</td><td align="center">b) 节段整修远观</td></tr>
</table>

<table>
<tr><td align="center">c) 梁体调运至存梁区</td><td align="center">d) 梁体存放</td></tr>
</table>

图 7-28　梁体调运与存放

存梁台座观测频率　　　　　　　　　　　　　表 7-7

观测阶段	观测频率	备注
放梁前	放梁前观测一次	采集原始数据
存梁	一层、二层前后各观测一次	沉降观测
梁体运走	梁体运走后观测一次	沉降观测

7.4　简支箱梁干拼施工

7.4.1　架桥机选型及安装

1）架桥机选型

本项目选用 TP64 型架桥机进行拼装，其主要由前支腿、中支腿、后支腿、辅助支腿、起重天车、主梁框架、导梁、吊具、吊挂、电气及液压系统等组成，如图 7-29 所示，设备主要性能参数见表 7-8，设备主要构件质量见表 7-9。其中，墩顶采用 ϕ32mm 精轧螺纹钢进行锚固，锚固抗拉力不小于 32t，设备墩顶锚固如图 7-30 所示。

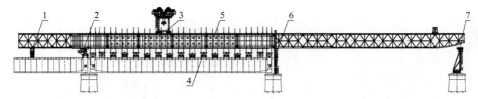

图 7-29　TP64 型架桥机示意图

1-辅助支腿；2-后支腿；3-起重天车；4-导梁；5-主梁框架；6-中支腿；7-前支腿

TP64 型架桥机主要参数　　　　　　　　　　表 7-8

项目	参数	项目	参数
施工工法	节段拼装；全跨段拼装	总质量	1100t
施工桥跨	65.2m	起升高度	30m
梁块喂梁方式	尾部喂梁	卷扬起升速度	0～1.3m/min
最大节段块质量	220t（不含吊具）	天车行走速度	0～15m/min
最大悬挂质量	2600t（跨度 64m 时）	天车吊具	360°旋转
总长	157.5m	操作	远程操控

TP64 型架桥机主要构件质量　　　　　　　　表 7-9

序号	名称	数量	单件质量（t）	总质量（t）
1	主梁	2	257	514
2	前导梁	2	88.5	177
3	后导梁	2	23.5	47
4	后辅支腿	1	20.46	20.46
5	后支腿	1	39.26	39.26
6	中支腿	1	20	20
7	前支腿	1	26.29	26.29
8	主起重天车	1	67.5	67.5
9	梯子平台	1	20	20
10	吊挂	15	4.73	71
11	2×20t 行车	1	6.5	6.5
12	电气及液压系统	1	25	25
合计				940.01

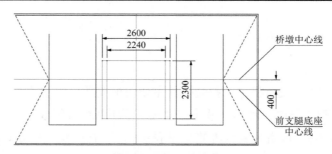

图 7-30　墩顶锚固示意图（尺寸单位：mm）

2）架桥机安装步骤

在桥头对架桥机进行地面拼装，通过拼装与纵移相结合，最终使桥机达到架梁工况，实现桥机安装。

架桥机安装遵循：测量放线—支腿、临时支撑架定位安装—依次吊装导梁—后支腿定位安装—依次吊装主梁—吊装辅助天车—吊装主天车—吊装辅助支腿—吊装后导梁—设备纵移—安装中支腿—设备纵移至架梁工况。

3）架桥机安装前准备

汽车起重机吊装时的最不利工况为 80t 汽车起重机吊装主梁时的工况，汽车起重机最大起重量为 40t（80t 汽车起重机自重 50t）。起重机的每个支撑点的最大压力 $N_{\max} = (50 + 40)/2 = 47.4t$（处于最不利工况时只有 2 支腿受力，即不均匀承载），每个支撑腿垫板的面积是 $1.5m \times 1.5m = 2.25m^2$，负荷起重机每个支撑面对地面的竖向压强 $P_{\max} = 47.4t \times 9.8/2.25m^2 = 206kPa$，则场地压强需满足 250kPa。

4）安装导梁

前导梁共计 2 根，单边前导梁共计 7 节，如图 7-31 所示。限于篇幅，以下仅给出第 1 节、第 4 节和第 7 节导梁的吊装过程，如图 7-32 所示。

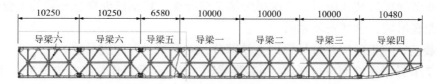

图 7-31　前导梁示意图（尺寸单位：mm）

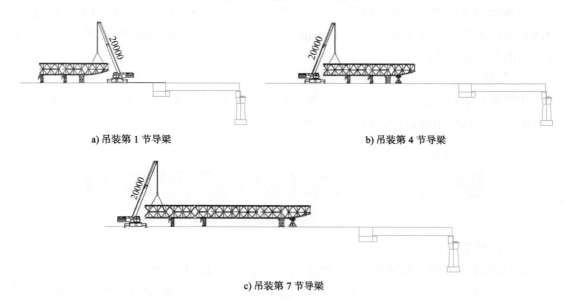

a) 吊装第 1 节导梁　　　　　　　　　　b) 吊装第 4 节导梁

c) 吊装第 7 节导梁

图 7-32　导梁吊装立面示意图（尺寸单位：mm）

（1）吊装第 1 节导梁

吊装第 1 节导梁，将钢丝绳穿过导梁的上弦部分，对导梁进行兜底吊装，全部安装完成。

①吊装前，将钢丝绳穿过导梁的上弦部分，对导梁进行兜底吊装。

②第 1 节导梁在地面进行拼装，吊装导梁时，汽车起重机作业半径 $R = 7m$，主臂 20m，额定载荷 33.4t，满足作业要求。

③钢丝绳选用及安全系数核算：选用 4 根 10m 的 ϕ 40mm-6 × 37 + FC-1670MPa 钢丝绳的破断拉力为 90t，$k = 90 \times 4/(14/\sin 60°) = 22.2 > 8$，可知钢丝绳扣在工作状态下的安全系数满足规范要求。

（2）吊装第 4 节导梁

依次吊装第 4 节，将钢丝绳穿过导梁的上弦部分，对导梁进行兜底吊装，全部安装完成。

①吊装前，将钢丝绳穿过导梁的上弦部分，对导梁进行兜底吊装。

②导梁第 1 节、第 5 节在地面进行拼装，吊装导梁时，汽车起重机作业半径 $R = 7m$，主臂 20m，额定载荷 33.4t，满足作业要求。

③钢丝绳选用及安全系数核算：选用 4 根 10m 的 ϕ 40mm-6 × 37 + FC-1670MPa 钢丝绳的破断拉力为 90t，$k = 90 \times 4/(14/\sin 60°) = 22.2 > 8$，可知钢丝绳扣在工作状态下的安全系数满足规范要求。

（3）吊装第 7 节导梁

待第 6 节导梁安装就位后，依次吊装第 7 节导梁，将钢丝绳穿过导梁的上弦部分，对导梁进行兜底吊装，全部安装完成。

①吊装前，将钢丝绳穿过导梁的上弦部分，对导梁进行兜底吊装。

②第 7 节导梁在地面进行拼装，吊装导梁时，汽车起重机作业半径 $R = 7m$，主臂 20m，额定载荷 33.4t，满足作业要求。

③钢丝绳选用及安全系数核算：选用 4 根 10m 的 ϕ 40mm-6 × 37 + FC-1670MPa 钢丝绳的破断拉力为 90t，$k = 90 \times 4/(14/\sin 60°) = 22.2 > 8$，可知钢丝绳扣在工作状态下的安全系数满足规范要求。

5）吊装主梁

主梁共计 2 根，主梁共计 6 节，如图 7-33 所示；限于篇幅，以下仅给出第 1 节、第 4 节和第 6 节主梁的吊装过程，如图 7-34 所示。

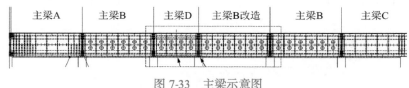

图 7-33 主梁示意图

（1）吊装第 1 节主梁

①吊装前，将钢丝绳与第 1 节主梁上的 4 个吊耳通过卸扣连接。

②主梁分为上下两层进行安装，主梁上层最重 21t，主梁下层最重 17t，汽车起重机作业半径 $R = 9m$，主臂 24.4m，额定载荷 22t，满足作业要求。

③钢丝绳选用及安全系数核算：选用 4 根 10m 的 ϕ40mm-6 × 37 + FC-1670MPa 钢丝绳的破断拉力为 90t，$k = 90 \times 4/(21/\sin 60°) = 14.8 > 8$，可知钢丝绳扣在工作状态下的安

全系数满足规范要求。

④在主梁连接处搭设安装用的临时平台，安装过程中防止重物坠落，造成安全事故，并在第1节主梁尾部安装后支腿支撑。

⑤第1节主梁安装完成后通过纵移装置与后支腿连接。

⑥另一根第1节主梁同理，两根主梁安装完成后，安装主梁之间的横联。

⑦采用80t汽车起重机辅助，将中支腿与主梁连接固定，通过中支腿液压缸顶升，使中支腿逐渐受力。

⑧主箱梁拼接螺栓为10.9S的M30和M24螺栓，扭紧力矩分别对应500N·m和200N·m，过松影响主梁连接安全，过紧则会对螺栓自身造成损害，并严禁发生漏拧等现象，否则影响整机安全。

⑨主箱梁与导梁桁架连接采用10.9S的M56双头螺栓拧紧。严禁发生漏拧等现象，否则影响整机安全。

⑩主箱梁拼接螺栓全部为特殊定制型，不得重复利用损坏的构件，自行补充时需严格遵守设计要求，不得用其他等级的进行更换，或采用小型号的代用。

⑪安装主梁横联。主梁横联安装过程中，当发生两个主梁的距离与横联不符时，中支腿收缩，导梁下临时支撑千斤顶收缩，使后支腿与前支腿受力，通过后支腿的横移液压缸调整两边主梁的间距。安装完成后，恢复原来状态。

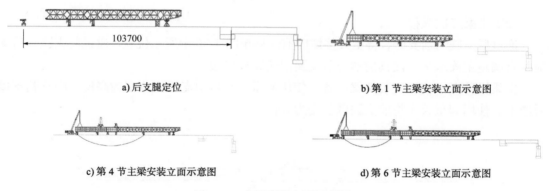

a) 后支腿定位　　　　　　　　　　b) 第1节主梁安装立面示意图

c) 第4节主梁安装立面示意图　　　　d) 第6节主梁安装立面示意图

图7-34　主梁安装立面示意图

（2）吊装第4节主梁

主梁第4节安装前，倒运辅助支腿到主梁4尾部位置处。

安装步骤与主梁第1节同理。

（3）吊装第6节主梁

步骤与主梁第4节同理。

第6节主梁安装前，倒运辅助支腿到第6节主梁尾部位置处。

6）整机纵移

（1）主梁首次纵移

在后导梁安装完成后通过后支腿与前支腿，将主梁整体向前纵移。纵移前将临时支撑架全部拆除。通过前支腿与后支腿配合调整主梁水平，使其前端与前支腿滚轮充分接触。

主梁纵移至导梁到桥头，通过中支腿支撑将前、后支腿位移至图 7-35 中所示位置。

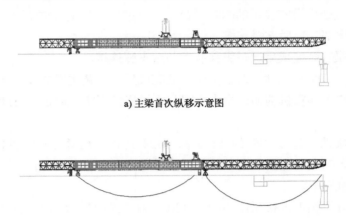

a) 主梁首次纵移示意图

b) 前后支腿交替倒运示意图

图 7-35　主梁首次纵移示意图

（2）主梁三次纵移

通过后支腿与前支腿，将主梁整体向前纵移至图 7-36 中所示位置。通过前支腿与后支腿配合调整主梁水平，使其前端与前支腿滚轮充分接触。

主梁纵移至中支腿安装架梁位置，使用起重天车将中支腿低位变为高位。中支腿支撑桥墩上，使用起重天车将前支腿低位变为高位。

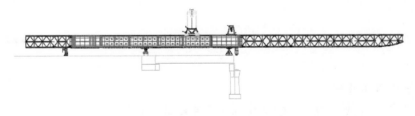

a) 主梁三次纵移

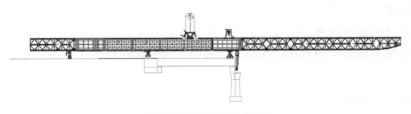

b) 中支腿低位变高位示意图

图　7-36

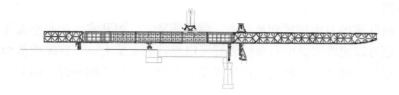

c) 前支腿低位变高位示意图

图 7-36　主梁第三次移示意图

（3）主梁最后一次纵移

后支腿通过纵移装置行走至桥台位置。辅助天车吊装前支腿就位。

通过前支腿与后支腿配合调整主梁过孔，到达架梁位置，如图 7-37 所示。

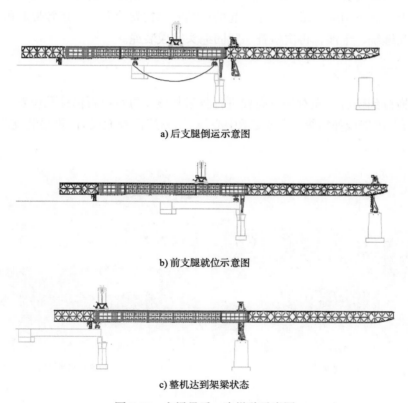

a) 后支腿倒运示意图

b) 前支腿就位示意图

c) 整机达到架梁状态

图 7-37　主梁最后一次纵移示意图

7）安装钢丝绳及吊具

起重天车安装完成后，设备接入临时电，对起重天车进行初步调试，安装钢丝绳及吊具。

（1）起升钢丝绳的装配工作必须由经过特殊培训的专业人员来完成。

（2）在开始钢丝绳安装之前，检查钢丝绳尺寸（直径和长度）是否符合设计规范（检查钢丝绳证明和零件列表）的要求。钢丝绳直径必须采用游标卡尺来测量。

（3）钢丝绳可能以下列 2 种方式之一来提供：盘绕或成卷。按照以下的指导来避免对钢丝绳造成损伤。

①盘绕：将线圈的自由端放到地面上，使线圈竖立，解开它。小心不要让线圈碰到任何尖形物体。也可以把线圈盘中心穿轴放到可以旋转的支架上。在穿绳或散绳过程中要确保绳子不得有扭结，否则会将钢丝绳损坏报废。线圈不能从内侧松开，因为这样会不可避免地造成扭结。

②成卷：如果钢丝绳是以缠绕在木绕线筒上的方式提供的话，应该把绕线筒安装在一根轴上，使其能在上面自由转动来松开钢丝绳。在确保绳子拉紧的情况下，可以把钢丝绳拉出来。这样可以避免绳圈落在绕线筒凸缘上，从而避免造成扭结。

（4）装钢丝绳的过程：将回转吊具吊进横移小车的正下方（注意回转吊具要在地面支垫好），在定滑轮和动滑轮之间人工往返装 $\phi12mm$ 引绳，引绳的一端固定在卷筒上，另一端与卷扬机钢丝绳顺接，接头部位要缠绕牢固、干净，防止在过滑轮时钩挂。启动卷扬机，缓缓将天车钢丝绳提到天车上临时固定；再用卷扬机将钢丝绳的另一端提上来，固定在定滑轮的边轮上；卸下引绳，最后将先提起的一端固定在卷筒上，试运转提起吊具，观察钢丝绳没有相互缠绕、干涉，再次检查、紧固绳头完成装绳。

7.4.2 支座安装

架桥机拖拉到位后，先对垫石高程进行测量复核，再对垫石锚栓孔位置、深度进行检查，并在垫石上用墨线弹出纵、横向支承中心线。当高程检查无误后，再吊装支座，如图 7-38 所示。

a) 支座安装   b) 支座水平复核

图 7-38　支座安装图

7.4.3 吊装及试拼

（1）吊装

采用 220t 门式起重机将梁段吊至轮胎式运梁车上，运梁车自行到架桥机尾部，通过回转天车提升梁段至指定位置，旋转天车通过下降、旋转、纵移将节段预制箱梁按一定的顺序摆放悬挂在悬吊系统上，如图 7-39 所示。

图 7-39　节段吊装实拍图

（2）提梁

梁段吊运前，先对梁段进行打磨、冲洗，清扫梁段顶板及箱内建筑垃圾，如图 7-40a）所示，并保证无任何附着物、松散物、灰和油脂。

施工人员指挥纵移天车停靠在指定位置，并装好止轮器和吊梁扁担。安装吊梁扁担后，同时启动前、后横移天车卷扬机，待梁段吊到合适高度后，止动卷扬机，拆除前、后纵移天车止轮器，前后纵移天车同步沿主导梁上纵移轨道运行到落梁孔位，如图 7-40b）所示。

a) 梁段打磨　　　　　　　　　　　b) 梁段提起

图 7-40　提梁实拍图

（3）运梁

采用 220t 门式起重机将梁段吊至运梁车上，吊装孔采用 50mm 的钢棒固定，其中钢棒两端采用螺栓卡住，钢棒上端螺栓下面垫平钢板，下端螺栓上面垫楔形钢板，以保证运输过程中梁段的稳定性，如图 7-41 所示。

a) 梁段吊装   b) 梁段运输

图 7-41　节段梁运输示意图

（4）梁段安装

大里程侧支座安装完成后，先吊装靠近支座的梁段，并复核支座与梁跨中心线。当复核无误后，下放梁段，并将支座与梁底支座预埋板用螺栓进行栓接。小里程侧支座安装完成后，准备好沙箱，将首个梁段吊装过来，不与支座进行栓接，并将该梁段放于沙箱上。然后，按顺序对称吊装各梁段，以保证架桥机的受力均匀，如图 7-42 所示。

a) 吊杆安装   b) 吊具连接

c) 普通段吊装   d) 吊梁行走

图　7-42

e) 下放梁段

f) 梁段旋转

图 7-42 梁段安装实拍图

（5）梁段定位

梁段定位就位是指梁段纵向、横向和竖向三个方向的调位。纵向以线路的中心线为基准，即要求线路中心线和梁体中心线重合；纵向两端的 0 号、16 号梁段预埋螺栓对正支座预留孔，考虑预应力张拉及后期徐变引起梁跨收缩，设计预留压缩量为 11mm，64m 梁 16 个胶缝，根据胶接缝拼装梁施工情况，全桥成型后梁段之间有 1mm 左右的胶缝，预制端头段时，比设计长度长 8mm，拼接完后梁总长比设计长 11mm 左右，与压缩量接近。

在拼装前，利用天车精确调梁。根据制梁时埋设的两端中心控制点 E、F 来调整梁段，使 E、F 与整孔梁中心线重合，根据梁顶高程控制点（B、C、D）相对于 A 点的高差进行调整梁顶高度，调整到正确的相对高度。然后观测 E、F 点是否移动，如果不与中心线重合，重复以上过程，使中线误差控制在 3mm 以内（同方向），相对高程误差 5mm 以内，如图 7-43 所示。

a) 纵向测量   b) 横向测量

图 7-43 调梁过程测量

（6）试拼

梁段试拼步骤参见 4.3.4 节，试拼完成后，将梁段移开 0.4～0.5m（便于后续涂胶），此时除纵向需进行平移外，梁段的高程和倾斜度不应进行调整。

7.4.4 胶接施工

涂胶采用凯华 JGN 生产的预制节段拼缝胶，配合比为 3∶1。施工中，依次由大里程侧向小里程侧调整节段，每调整一个节段就开始涂胶，涂胶前保证接缝两侧端面清洁、干燥，孔道无杂物，其中拼缝胶的主要技术参数见表 7-10。

环氧树脂胶结剂的主要技术性能指标   表 7-10

项目	设计要求性能指标
抗剪强度（MPa）	＞15
抗压强度（MPa）	≥80
抗拉强度（MPa）	≥32
抗压弹性模量（MPa）	≥10000
抗拉弹性模量（MPa）	≥4000
与混凝土的正拉黏结强度（MPa）	≥3.2
伸长率（%）	≥1.4
施胶（凝胶）时间（min）	40～70
施工温度（℃）	0～35

在梁段调整及各项准备工作就绪后，开始拌制胶浆。按规定比例（质量比为 3∶1）配置，先将 A 胶通过搅胶器搅拌约 10min，然后将 B 胶放入 A 胶中，并使用搅胶器搅拌约 5min，直至胶颜色变均匀。涂胶作业由 12 人同时进行，其中顶板 4 人，箱内 4 人，箱外 4 人，以实现快速、多工作面同步作业，如图 7-44 所示。

值得注意的是，胶接施工中应注意以下特点：

（1）对修补过的地方应进行打磨，避免存在凸面影响剪力键的咬合。

（2）应提前检查张拉、涂胶机具设备的性能是否完好。

（3）应提前准备安全牢固的涂胶脚手架。

（4）涂胶人员应佩戴抗腐蚀手套和防护眼镜。

（5）应在预应力孔道周围贴单面胶制的环形海绵垫（10mm 厚），以实现预应力孔道的密封，防止环氧树脂胶挤进孔道内。

（6）运梁小车顶起梁段向组拼好梁体靠拢至 10cm 缝时，粗调梁段高程和中线基本符合。顶板和腹板安装临时张拉用的钢锚块、φ32mm 精轧螺纹钢和张拉穿心顶。

a) 胶结材料　　　　　　　　　　　　b) 预应力孔道密封圈

c) 涂胶

图 7-44　胶接施工实拍图

7.4.5　临时张拉

梁段涂胶后，使用天车将组拼好梁体靠拢至 3cm 左右，靠拢的同时拧紧精扎螺纹钢的螺母，缝隙较大的一侧先拧，使两侧梁缝基本一致，再次对梁段高程、中线进行调整，通过天车调整梁段中线及高程，使中线、高程完全吻合。临时张拉作业以四组人员及设备同时作业，螺纹钢施加预应力作业时确保以箱梁断面对称同时进行。先张拉临时锚块上的 4 根精扎螺纹钢后再张拉另外 4 根，8 根精扎螺纹钢张拉到设计值。

临时预应力采用直径 32mm 的 PSB830 预应力混凝土用粗钢筋，进行临时张拉时，各梁段简胶接缝顶板和腹板处每根精轧螺纹钢张拉力均为 600kN。

临时张拉完成后，立即组织人员清理接缝挤出的胶，并用通孔器清理预应力孔道，排除可能被挤入预应力孔道的胶体。

（1）预应力束的安装和保护

穿束前应对孔道进行检查，孔道应畅通，无水和其他杂物。预应力束应对号穿入孔道内，同一孔道穿束应整束穿。预应力束安装在孔道后，孔道端部开口应密封以防止湿气进入。

任何情况下，当在安装有预应力筋的构造附近进行电焊时，对全部预应力筋和金属件均应进行保护，防止溅上焊渣或造成其他损坏。

（2）张拉临时预应力

当环氧树脂涂刷完毕，并处理好接缝面预应力孔道密封措施后，再移动待拼梁段，对位进行拼接。拼接时张拉的临时预应力应使环氧树脂在不小于 0.3MPa 的压力下固化，同时接缝应在环氧树脂尚未凝固前，保持一个最小的临时压应力，且临时预应力不得解除，如图 7-45 所示。

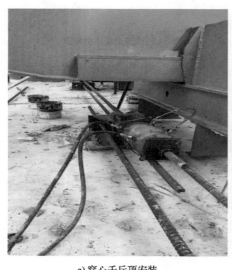

a) 穿心千斤顶安装　　　　　　　　　　　　　　b) 挤胶

c) 临时预应力张拉　　　　　　　　　　　　　　d) 油表读数

图 7-45　临时张拉实拍图

值得注意的是，挤压后的胶缝宽度宜在 0.6～1.2mm，不应出现缺胶现象，且临时预应力在梁段第一批纵向预应力张拉完成后方可拆除。

7.4.6　支座灌浆

支座灌浆料采用 TY-Z15 型号灌浆料。在支座底板边缘外围 5cm 处立模。灌浆用模板采用角钢，支座灌浆材料采用高强干硬性无收缩砂浆，拌制时按使用说明掺水拌制。注浆应从支座一侧向另一侧进行，直至注浆材料全部灌满，灌浆高度覆盖下支座板下缘 10～20mm 为止，如图 7-46 所示。

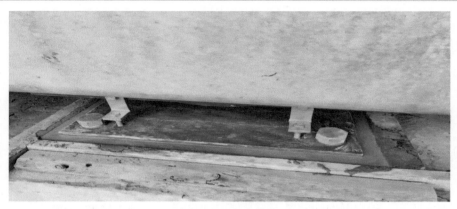

图 7-46 支座灌浆

7.4.7 预应力施工

1）预应力张拉

本项目采用预应力后张法施工，预应力钢绞线采用 $\phi^s15.2\text{mm}$ 高强度低松弛预应力光面钢绞线，极限抗拉强度 $f_{pk} = 1860\text{MPa}$，弹性模量 $E_y = 1.95 \times 105\text{MPa}$，单股钢绞线面积 140mm^2，如图 7-47 所示。

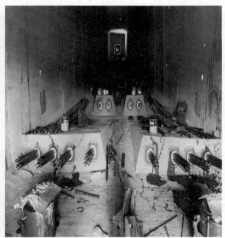

a) 箱梁端头预应力束   b) 箱梁内部齿块预应力束

图 7-47 预应力钢绞线张拉检查实拍图

（1）智能张拉系统

为避免传统预应力张拉工艺人为操作误差大、张拉过程不规范、难以掌握和控制张拉质量等缺点，项目采用国内较为先进的"预应力智能张拉系统"进行张拉施工，该系统通过计算机软件控制实现预应力张拉全过程自动化，避免出现人为因素干扰，能有效确保预应力张拉施工质量。

①系统组成及结构

预应力智能张拉系统由系统主机、油泵、千斤顶三大部分组成，其组成结构如图 7-48 所示。

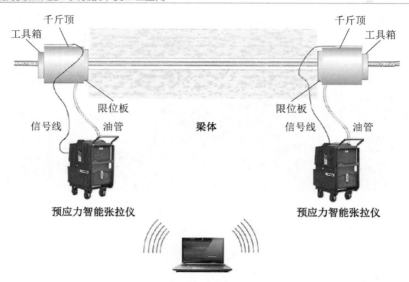

图 7-48 预应力智能张拉系统示意图

②工作原理

预应力智能张拉系统以应力为控制指标，伸长量误差作为校对指标。系统通过传感技术采集每台张拉设备（千斤顶）的工作压力和钢绞线的伸长量（含回缩量）等数据，并实时将数据传输给系统主机进行分析判断，同时张拉设备（泵站）接收系统指令，实时调整变频电机工作参数，从而实现高精度实时调控油泵电机的转速，实现张拉力及加载速度的实时精确控制。系统还根据预设的程序，由主机发出指令，同步控制每台设备的每一个机械动作，自动完成整个张拉过程。

③系统功能及特点

a. 精确施加应力。

b. 及时校核伸长值，实现"双控"。

c. 对称同步张拉。

d. 规范张拉过程，减少预应力损失。

e. 自动生成报表杜绝数据造假。

f. 远程监控功能。

④张拉前准备工作

a. 对现浇梁梁体做全面检查，尤其是端部锚垫板后混凝土的密实性。

b. 接到"张拉通知书"，才能进行张拉。

c. 锚具、夹片按规定检查合格。

d. 清除锚垫板上的混凝土，保证锚具与锚垫板紧贴，清除锚垫板喇叭口内水泥浆。

e. 张拉现场设置了安全挡板及安全警示牌，且防护设施完好。

根据智能系统预先设定的不同账号、角色和使用权限，通过系统平台输入申请张拉的梁编号，即可提取张拉要素，在填写相关信息后，提交张拉申请，系统将通过计算系统自动计算张拉力和伸长值控制值。

（2）预应力张拉施工

①张拉顺序

张拉遵循先腹板，后底板束，先长束，后短束，再齿块，由外至内、对称张拉的原则进行。

永久预应力按相应钢束的张拉吨位进行张拉，张拉时采用双控，张拉顺序为：张拉初始应力并做标记→逐级加载至设计张拉力→测量伸长量→持荷 5min→回油至零→锚固。此外，永久预应力张拉前，应先进行管道摩阻及锚口摩阻等试验，以便在实际钢束伸长量与计算不符时进行修正计算，以指导和控制施工。

启动张拉智能系统后，由现场人员启动张拉程序，智能张拉系统发出信号，传递给智能张拉仪张拉系统，通过张拉系统控制专用千斤顶按预先系统编制的张拉顺序进行对称均衡张拉，如图 7-49 所示。

 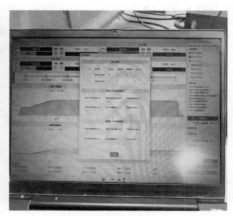

a) 千斤顶安装　　　　　　　　　b) 张拉结果显示

图 7-49　预应力张拉施工示意图

油泵供油给千斤顶张拉液压缸，按照四级加载过程依次上升液压，0→张拉初始应力（20%设计值）→第二次张拉吨位（50%设计值）→设计值（100%设计值）→持荷 5min→回油至零。张拉过程中智能张拉平台系统对每一级进行测量和记录，测量每一级张拉后的活塞伸长值的读数，并随时检查伸长值与计算值的偏差；张拉过程中系统将自动校核测量数据，当实际伸长值与理论伸长值相差大于 ±6% 时系统将自动报警，停止张拉，待查明原因排除问题后方可进行下一步工作。张拉质量评定标准：张拉采用双控，以张拉吨位控制为主，伸长量进行校核，要求实际伸长量与理论伸长量误差不得超过 ±6%。同一断面断丝之和不超过总丝数的 1%，且每束断丝只允许一根。每端钢绞线回缩量要求 ≤5mm。对于钢绞线伸长量较短的钢束，一次张拉就可达到张拉控制应力 σ_{con}，如果千斤顶行程不够一次张拉达不到设计要求，则需要进行二次张拉。此时，自动工具锚的夹片已与锚具自行脱离，因此二次张拉前需将工具锚夹片重新推入锥孔中，然后重复以上步骤，直到达到设计张拉力。

②注意事项

a. 张拉开始前，所有操作预应力设备的人员，应通过设备使用前的正式培训，以便熟练张拉操作全过程，确保张拉操作的正确性。

b. 张拉时混凝土强度不应低于设计规定，张拉顺序应符合设计要求，在张拉预应力束过程中，应根据设计要求放松部分梁段的吊杆，直至所有钢束张拉完毕。

c. 梁段两侧腹板应对称张拉，其不平衡张拉最大不超过一束。同束钢绞线应由两端对称同步张拉，千斤顶升、降压速度相近。

d. 预应力束采用张拉力和伸长量双控，并以张拉力控制为主，以伸长值校核。实际张拉伸长量与理论伸长量之差应控制在 6% 范围以内，每端钢丝回缩量应控制在 6mm 以内。

e. 每束钢绞线中单根钢绞线内的断丝或滑丝不得超过 1 丝，每个断面断丝不超过该断面钢丝总数的 1%。

（3）钢绞线伸长量计算

预应力钢绞线从张拉初始应力，到张拉控制应力的理论伸长量 ΔL 可按下式计算：

$$\Delta L = P_\rho \times L / A_\rho E_\rho \tag{7-1}$$

式中：L——钢绞线束长度（cm），即孔道两端最外面两侧锚板的钢绞线束长度；

A_ρ——钢绞线束截面面积（mm^2）；

P_ρ——钢绞线束平均张拉力（N）；

E_ρ——钢绞线的弹性模量（$1.95 \times 10^5 N/mm^2$）。

其中：

$$P_\rho = P[1 - e - (kx + u\theta)]/(kx + u\theta) \tag{7-2}$$

式中：P——预应力束张拉端的张拉力（N）；

e——自然对数；

θ——从张拉端至梁计算截面曲线孔道部分切线夹角之和（°）；

u——钢绞线束与孔道壁间的摩擦系数，预埋波纹管 $u = 0.20$；

x——张拉端对计算截面的孔道长度（m）；

k——孔道每米局部偏差对摩擦的影响系数，$k = 0.0015$。

张拉时进行双控，以张拉力控制为主，以张拉时的实际伸长值与理论伸长值进行校核，钢绞线束实际伸长值与理论伸长值相差要控制在 ±6% 以内方可进行锚固，否则暂停张拉，查明原因并采取措施加以调整后，再继续张拉。

引伸量的修正公式为：

$$\Delta' = EA/E'A' \times \Delta \tag{7-3}$$

式中：E'、A'——实测钢绞线的弹性模量（MPa）及面积（m^2）；

E、A——设计计算采用的钢绞线弹性模量（MPa）及面积（m^2）；

Δ——设计计算得到的引伸量值（mm）；

Δ'——修正后的引伸量值（mm）。

（4）临时卸载与桥机卸载

永久预应力张拉完 3 组后可以拆除临时预应力，如图 7-50 所示。为防止张拉过程中梁上拱导致临时预应力的精轧螺纹钢拆除困难，张拉完成后及时拆除运梁吊架。

a) 临时荷载拆除　　　　　　　　　　b) 架桥机卸载

图 7-50　临时卸载与桥机卸载示意图

2）孔道压浆、封锚

（1）管道压浆

压浆材料采用 TY-Z10 孔道压浆料，配合比采用 1∶0.33，流度 18s±4s。压浆前切除锚头外多余的钢束，保证预应力锚固后外露的长度小于 30mm。清理锚垫板上装配螺栓孔和锚座底面的水泥浆，保证锚座底面平整，注意保证排气孔要垂直朝正上方，排气孔密封好。

开动压浆机，待出浆孔与压浆口的拌制浆液相同后，正式压浆，压浆压力为 0.5～0.7MPa，保压 180s，移到下一孔道，继续压浆，孔道补注浆顺序为压浆完成第 3 束补注第 1 束，后依次进行补注，整孔梁压浆完毕后，清洗设备，如图 7-51 所示。

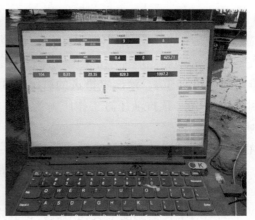

a) 压浆机安装　　　　　　　　　　b) 压浆压力数值显示

图 7-51　预应力孔道压浆

（2）封端

管道压浆完成后，立即将梁端水泥冲洗干净，同时清除支撑垫板、锚具及端面混凝土表面的污垢，并对端面混凝土进行凿毛，以备浇筑封端混凝土。

封端混凝土浇筑时，先在端部安装钢筋网，并将其点焊在支撑板上进行固定，再按施工方案浇筑混凝土，浇筑过程中应充分捣实，保证锚具处的混凝土密实度符合要求。

封端混凝土浇筑完成后，需静置1～2h，并带模洒水养护。脱模后，在常温下的养护时间不应少于7d,冬季气温低于5℃时需增加养护时间，并采取保温措施，以防止混凝土冻害。

7.4.8 架桥机过孔

1）架桥机过孔

（1）过孔前检查

过孔前，检查架桥机的所有连接件的紧固、电路系统、润滑系统、警报设备、大小天车、行走部件、液压设施、桥机支腿等，如图7-52所示。

a) 连接件紧固1 b) 连接件紧固2

图7-52　连接件紧固实拍图

（2）正式过孔

①锚固前支腿，前支腿锚固使用墩身施工预埋的A32精轧螺纹钢，拆除中、后辅助支腿及中支腿横梁，定位架桥机与桥梁中线位置，后导梁与主梁采用顶推液压缸前移，先左、后右，推进速度进缸30s，液压缸推进的进尺为0.80m；液压缸与主导梁采用固定销固定，液压缸回缩原位50s,顶推液压缸工作压力为20～30MPa，循环推进，桥机就位，如图7-53、图7-54所示。

②在此基础上，倒运小车吊中支腿前移到下一桥墩支撑位置，支撑并锚固，拆除前支腿锚固，利用倒运小车吊放置在中支腿下一孔位置，确保测量桥机中线与线路中线重合，锚固中、后支腿如图7-53a）。

③天车倒运后中支腿到前中支腿附近，锚固定位，如图7-53b）所示。

④收前中支腿，由后中支腿及后支腿承重，如图7-53c）所示。

⑤依靠后中支腿上的纵移液压缸，纵移整机，直到前中支腿到下一桥墩支撑位置，如图7-53d）所示。

⑥架桥机到达架梁位置，纵移前支腿到前方，如图7-53e）所示。

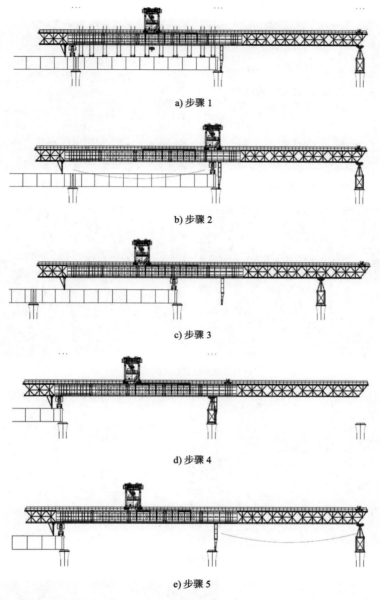

a) 步骤 1

b) 步骤 2

c) 步骤 3

d) 步骤 4

e) 步骤 5

图 7-53 正式过孔示意图

a) 前支腿锚固墩顶预埋精轧螺纹钢

b) 前支腿锚固

图 7-54

c)后支腿锚固拆除　　　　　　　　　　　　d)后支腿调中线

e)顶推液压缸顶推桥机前移

f)桥机行走

前支腿安放到位

g)前支腿调运及安装

图 7-54　正式过孔步骤 1 实拍图

2）架桥机检查

架桥机整体安装完成后，进行目测检查，包括各机构、电气设备、安全装置、制动器、控制器、照明和信号系统等。检查时不必拆开任何部分，但应打开在正常维护和检查时应打开的盖子，例如限位开关盖。检查时还应包括检查必备的证书是否已提供齐全并经过审核。

目测检查前应关闭总电源，按下列内容检查架桥机所有部件完整无缺：

（1）检查所有栓接和销接的部位，确保连接可靠。

（2）检查所有动力设备以及电气控制元器件和线路是否良好，若有问题应及时处理。

（3）检查所有液压元件和管路是否良好，若有问题应及时处理。

（4）加注润滑脂、齿轮油和液压油。

（5）点动液压泵，无误后进行空载试验，检查管路，阀门连接是否可靠，仪表是否正常。操纵各液压缸空载起升、降落、检查其单动、联动是否可靠。

（6）点动单台天车进行运行、起落动作和两台同步连锁动作，无误后方可进入空载单动和空载联动。

（7）顶升后支腿和中后辅助支腿顶升液压缸，承重支腿车轮分别离开轨面约 10mm，点动横移台车动作，然后进行联锁无载荷动作，无误后可落下液压缸进行整机空载横移动作。

（8）在安装完成后，所有的安全装置都要单独检查并设置：①载荷限制器；②起升限制开关；③制动系统；④急停按钮；⑤超速开关；⑥走行防撞击系统；⑦纵横移小车限位开关；⑧报警装置；⑨风速仪。

以上电控装置要求逐项进行综合调试，逐项自检验收，并做记录。

3）整机调试

（1）试车前的准备与检查

试车前应关闭总电源，按下列内容检查起重机所有部件应完整无缺：

①各组部件的安装装配应符合图纸技术要求。

②需要润滑的零部件应注入充足的润滑油（脂）。

③钢丝绳与卷筒要固定牢靠、钢丝绳不得脱出滑轮槽，限位器要调整灵活准确。

④各金属结构件不得有变形，各连接螺栓要正确可靠。

⑤所有电机、减速机、轴承座等的固定要可靠。

⑥制动器调整灵活。

⑦检查各操作系统是否正确、操作方向与运动方向是否一致。

⑧接地是否可靠。

⑨断开动力电路，检查操纵电路所有接线是否正确。

⑩检测动力电路和操纵电路的绝缘电阻是否符合要求。

⑪质检部门应准备好检测仪器，并在有效部位标出测量标记。检测后做好资料记录

工作。

（2）起升机构的空载运转试验

起重天车在跨中位置进行试验。利用起重天车遥控器的操作控制起重天车起升机构空钩全行程起升、下降两个来回。

①机构运转及传动是否平稳，声音是否正常，有无异响及梗阻现象，停止器、制动器的工作情况是否灵敏正常。

②起升钢丝绳在卷筒及滑轮中的运动情况，有无跳槽及不规则排列，有无运动干涉。

③高度限位开关动作是否灵敏正常。

④单个起重天车起升机构两台卷扬机的同步效果及分驱动性能（短时分别动作）。

⑤检测遥控器的操作，检查控制器的指示方向与卷扬机转动方向是否一致。

⑥测出各挡位起升高度，上升、下降速度，并做好记录。

（3）起重天车的大车空车行走试验

利用起重天车遥控器操作，控制起重天车行走机构空车在主桁轨道上全行程来回行走两遍。

①检查各走行车轮组是否平稳正常。

②各车轮组的电力液压防风铁楔是否安全有效。

③各车轮组的减速机制动器是否安全有效。

④整机所有紧固件的螺栓有无松动，焊接处有否裂纹和异常声响。

⑤整机行走时是否平稳或跑偏，声音是否正常，有无异响与梗阻现象。

⑥整机行走时天车供电电缆是否收放自如。

⑦检查控制器的指示方向与走行方向是否一致。

⑧检查各行程限位开关的灵敏可靠性。

⑨测出各挡位大车走行速度，并做好记录。

（4）起升机构

①无负荷升降2～3次，不应有卡阻现象和异响。

②检查控制器的指示方向与电机转动方向是否协调一致。

③检查起升卷筒轴承处是否有振动。

④各滑轮工作应良好。

⑤测量吊具起升高度并做记录，调整起升高度限位开关，使吊具底面离轨道顶面为额定起升高度时，限位开关动作要断电流。

⑥当吊具底面落到轨道顶面时，调整限位开关动作切断电流，起升机构制动。调整制动器，使制动时间符合要求。

⑦调整两个卷筒上的钢丝绳长度，使吊具处于水平状态。

（5）大、小车运行机构

①车轮应全部与轨道相接触，运行中不得有卡阻现象，不得有走偏、咬轨现象。

②起、制动时，主动车轮不得有打滑现象。

③电缆应收放自由。

④限位开关与缓冲器工作准确。

4）架桥机拆除

待架桥机完成最后一孔箱梁架设后，在桥面采用 80t 汽车起重机对导梁、起重天车进行分部拆解吊装，通过桥机纵移与汽车起重机配合，然后依次拆除后导梁，后主梁，主梁拆除顺序由后往前，依次拆除前导梁后，最后将剩余各支腿及临时支撑陆续拆除，各部件拆除后采用运梁平板车运输装车发运，拆除示意图与流程图如图 7-55 和图 7-56 所示。

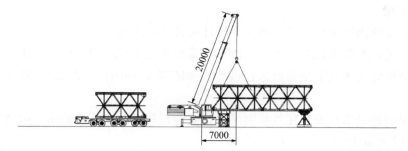

图 7-55　架桥机拆除示意图（尺寸单位：mm）

（1）拆解前检查。

检查架桥机各零、部件是否完善、是否有缺失，并空载试车检查设备各运行部件有何异常，并做详细记录。

（2）拆除电气元件。

根据图纸的布置，拆除、分电箱、分线盒、各传感器、压力开关等，并对架桥机的电源线箱等进行临时拆除，并对电缆进行编号。

（3）拆除吊挂。

利用起重天车将吊挂部分拆除。

（4）更换前支腿为低位。

利用辅助天车吊装前支腿变更至低位。

钢丝绳选用及安全系数核算：选用 4 根 10m 的 ϕ40mm-6 × 37 + FC-1670MPa 钢丝绳的破断拉力为 90t，$k = 90 \times 4/(26.29/\sin 60°) = 11.85 > 8$，可知钢丝绳扣在工作状态下的安全系数满足规范要求。

更换前支腿为低位，如图 7-56a）所示。

（5）拆除中支腿。

利用辅助天车吊装中支腿变更至低位。

钢丝绳选用及安全系数核算：选用 4 根 10m 的 ϕ40mm-6 × 37 + FC-1670MPa 钢丝绳的破断拉力为 90t，$k = 90 \times 4/(20/\sin 60°) = 15.59 > 8$，可知钢丝绳扣在工作状态下的安全系数满足规范要求。

（6）后退 2m，安装中支腿。

安装低位中支腿。

（7）前、后支腿后退。

（8）后辅支腿移动至前导梁。

（9）拆除后导梁及主梁。

①拆除后导梁。

a.拆除前，将钢丝绳穿过导梁的上弦部分，对导梁进行兜底吊装。

b.拆除导梁时，应保证汽车起重机作业半径应满足作业要求。

c.应对钢丝绳选用及安全系数进行核算，保证钢丝绳扣在工作状态下的安全系数满足规范要求。

②拆除主梁。

a.吊卸主梁的钢丝绳与主梁上的 4 个吊耳通过卸扣连接。

b.主梁通过汽车起重机进行拆除，汽车起重机作业半径应满足作业要求。

c.应对钢丝绳选用及安全系数进行核算，保证钢丝绳扣在工作状态下的安全系数满足规范要求。

d.在主梁连接处搭设安装用的临时平台，安装过程中防止重物坠落，造成安全事故。

（10）拆除起重天车。

通过 1 台 80t 汽车起重机拆除起重天车，分两部分进行吊装拆解。

①拆除方法：首先拆卸卷扬机及换向机构时，将起重行车连接油管及钢丝绳拆除，将钢丝绳缠绕在卷筒上。拆除钢丝绳时，需用麻绳进行溜放，不能将钢丝绳直接从定滑轮上摔下。可用汽车起重机进行配合作业。其次，通过 80t 汽车起重机拆除卷扬机上部行走部分，共计 2 件，单件质量约为 10t；最后，通过 1 台 80t 汽车起重机抬吊，拆除起重工天车金属框架，总质量约为 28t。吊装至地面后，进行地面拆解。

②拆除前对起重天车的走行小车进行临时固定，采用汽车起重机将起重天车的小车部分拆除，卷扬自重约为 8t，共计 2 台，然后拆除起重小车（即卷扬底座），自重约为 7t，最后拆除金属框架，自重约为 13t，拆除走行小车。吊装金属框架时，汽车起重机作业半径 $R = 8m$，主臂 30m，额定载荷 21.5t，满足作业要求。吊装起重小车，汽车起重机作业半径 $R = 8m$，主臂 24.5m，额定载荷 24t，满足作业要求。

③对钢丝绳选用及安全系数进行核算，保证钢丝绳扣在工作状态下的安全系数满足规范要求。

拆除后桥机如图 7-56i）所示。

（11）前支腿倒运。

（12）桥机后退，拆除中支腿。

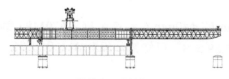
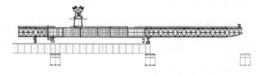

a) 更换前支腿为低位工况图　　　　　　　　　　b) 安装中支腿工况图

图　7-56

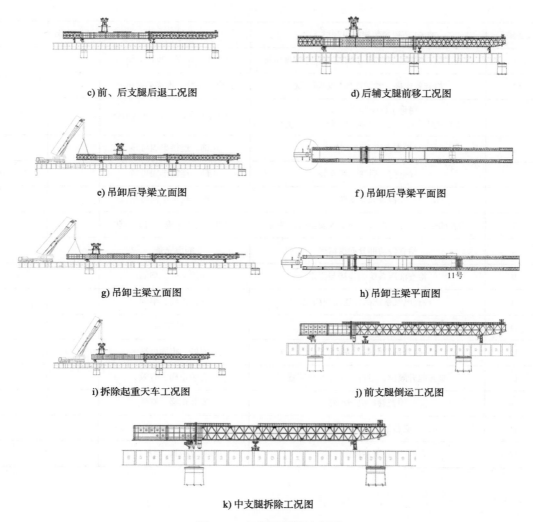

c) 前、后支腿后退工况图　　　　d) 后辅支腿前移工况图

e) 吊卸后导梁立面图　　　　f) 吊卸后导梁平面图

g) 吊卸主梁立面图　　　　h) 吊卸主梁平面图

11号

i) 拆除起重天车工况图　　　　j) 前支腿倒运工况图

k) 中支腿拆除工况图

图 7-56　架桥机拆除流程图

（13）各部件拆除。

对拆下来的液压系统部件、电气部分、钢结构部件进行清点登记列清单,摆放整齐为运输做好准备,液压管路接头在拆卸时均要做好防水、防污措施,并做好标签,最后装箱。

①重要部件如电机、电气部件等采用包装箱,避免运输途中损坏或遗失。机电设备的包装箱在装吊时注意不能倒置,不得以大压小,运输及存放时要有防雨防潮措施。

②设备拆除完毕后,运至安装地点,检查易损件发运时是否完善并按照发货清单清点部件是否齐全。

③在检查桥机各易损件是否完善、设备运行时有何异常并做详细记录之后方可对设备进行电气系统的拆除,要求做好线号等标记。

5）架桥机验收

在实际施工中,架桥机验收项目和标准详见表 7-11。

架桥机各构件安装过程中的检验标准　　　　　　　　　　表 7-11

设备编号	TP64 节段拼装架桥机测试项目	测试要求	测试结果	备注
1	检查主梁、支腿、天车等主要结构焊缝外观质量	无气孔、焊瘤、咬边等缺陷		
2	检查各连接、紧固件连接紧固情况	齐全、完整、连接牢固可靠		
3	测量主框架相关尺寸： （1）主梁总长；（2）主梁中心距（天车轨距）	（1）±20mm；（2）外轨内轨		
4	检查支腿安装、连接	正确，连接牢固可靠		
5	检查前、后联系梁安装	正确，连接牢固可靠		
6	检查天车安装	正确，连接牢固可靠		
7	检查梯子、栏杆、走台、通道等安全防护装置	完整、安装正确、固定牢靠		
8	检查传动部分润滑情况	润滑完备		
9	检查液压系统的连接与固定	连接正确、牢固		
10	检查电气系统部件连接与固定	连接正确、牢固		
11	检查钢丝绳、吊具等安装情况	安装正确		
12	检查钢丝绳端部固定情况	完好，牢固可靠		
13	检查起升限位、走行限位等安全装置	安装正确、有效		
14	检查卷扬机制动器	安装正确、有效		
15	必备证书、随机文件	齐全、已审核		
16	各警示标志	正确、醒目、固定可靠		

7.5　干拼施工线形监控

7.5.1　数值模拟

1）建模

由于本项目采用预制拼装技术施工，拼装到位后进行注胶固结，张拉预应力，为准确模拟施工阶段的线形变化，采用 midas Civil 软件建立了包含架桥机主梁、主梁、吊杆等的有限元模型。

（1）材料属性

①主梁

主梁为 C55 混凝土，弹性模量 $E = 3.6 \times 10^7 \text{kPa}$，重度 $\gamma = 26.25 \text{kN/m}^3$。依据《混凝土结构模型规范》（CEB-FIP 2010）设置混凝土的强度增长和收缩徐变，且初始加载龄期不小于 45d。

②钢绞线

箱梁腹板、底板的纵向预应力筋均为 17-ϕ15.2mm 低松弛钢绞线，其抗拉强度标准值

为 $f_{pk} = 1860MPa$，弹性模量 $E = 1.95 \times 10^5 MPa$。

③架桥机主梁

架桥机主梁由六个钢箱梁节段组成，分为 A、B 两种型号，其中节段 1、6 为 A 型，钢材材质为 Q345C，截面面积为 $0.479m^2$，惯性矩为 $2.124m^4$；节段 2～5 为 B 型，钢材材质为 Q460C，截面面积为 $0.558m^2$，惯性矩为 $2.660m^4$，如图 7-57 所示。

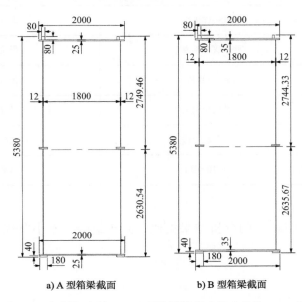

a) A 型箱梁截面　　　　　　b) B 型箱梁截面

图 7-57　架桥机主梁 A、B 型箱梁截面（尺寸单位：mm）

④架桥机吊杆

架桥机吊杆为 $\phi50mm$ PSB930 精轧螺纹钢，其中每个箱梁节段采用 4 根吊挂吊杆。

（2）单元划分及边界条件

①单元划分

对于架桥机，由于其前、后支腿分别放置于相邻跨的支座中心线上，计算跨度较大（67.7m），因此架桥机采用梁单元建模，共划分 28 个单元。

对于混凝土箱梁，由于其分为端支点截面段、标准截面段以及梁端变截面段，为便于模拟，同样采用梁单元建模，共划分 22 个单元。

对于吊杆，由于其在施工中主要承受轴向荷载，因此采用桁架单元模拟，共划分 18 个单元。

②边界条件

由于箱梁节段在梁场预制，架桥机上拼装，在固结前节间不传递内力，因此在纵向采用放松梁端自由度的方法来模拟刚装配时的状态。此外，考虑到模型中吊杆位置、数量与实际布置存在差异，因此通过调整螺纹钢面积来等效吊杆的轴向刚度。

（3）施工阶段分析

施工阶段分析主要包括腹板束张拉完成后卸载（工况一）和钢束完全张拉后卸载（工况二）两种工况，具体施工阶段设置如表 7-12 所示。

施工阶段划分　　　　　　　　　　　　　　　　　表 7-12

施工阶段	工况 1	工况 2
1	架桥机就位	架桥机就位
2	架桥机满载	架桥机满载
3	纵梁整体固结	纵梁整体固结
4	张拉腹板钢束	张拉腹板钢束
5	架桥机卸载	张拉底板钢束
6	张拉底板钢束	架桥机卸载
7	二期荷载上桥	二期荷载上桥
8	运营 10 年后	运营 10 年后

（4）分析结果

由于工况 1 和工况 2 的分析结果类似，限于篇幅，本小节仅给出工况 1 的分析结果。

①工况 1

a. 架桥机就位

架桥机就位后钢箱主梁的变形如图 7-58a）所示，钢箱梁的上缘应力如图 7-58b）所示，钢箱梁的下缘应力如图 7-58c）所示。由于架桥机在本阶段为空载，并非最不利受力状态，因此提取本阶段的变形及应力可为后续增量分析提供基础。

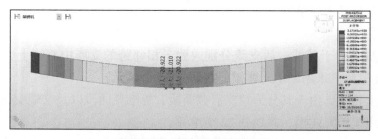

a）架桥机就位后钢主梁自重竖向变形

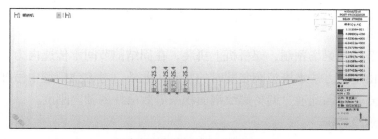

b）架桥机就位后钢主梁上缘应力

图　7-58

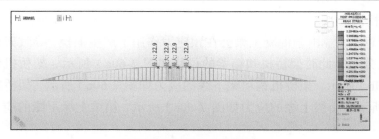

c) 架桥机就位后钢主梁下缘应力

图 7-58 主梁计算结果

b. 架桥机满载

当所有节段吊装就位后，此时架桥机处于满载状态，架桥机主梁上缘应力如图 7-59a）所示，架桥机主梁下缘应力如图 7-59b）所示，架桥机吊杆应力如图 7-59c）所示。

从图 7-59 可以看出，架桥机主梁上缘的最大压应力为 223.7MPa，下缘最大拉应力为 202.3MPa，均小于 Q345 钢材的强度设计值；架桥机吊杆的最大应力为 253.1MPa，小于 PSB930 吊杆的强度设计值，表明满足使用需求。

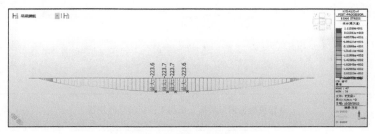

a) 架桥机满载后钢主梁上缘应力

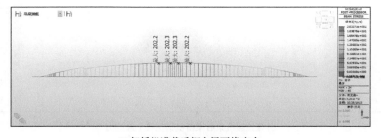

b) 架桥机满载后钢主梁下缘应力

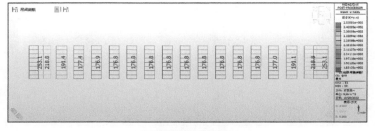

c) 架桥机满载后吊杆应力

图 7-59 架桥机满载后计算结果

c. 张拉腹板钢束

张拉腹板钢束后，由于混凝土梁会在预应力作用下产生上挠，导致架桥机也会上挠并产生内力重分布，此时架桥机和箱梁的位移如图7-60a）所示，架桥机钢箱梁上缘的应力如图7-60b）所示，架桥机钢箱梁下缘的应力如图7-60c）所示，架桥机吊杆的应力如图7-60d）所示，箱梁上缘的应力如图7-60e）所示，箱梁上缘下缘的应力如图7-60f）所示。

从图7-60a）～f）可以看出，张拉腹板钢束后，架桥机跨中挠度为159.2mm，较腹板钢束张拉前减小了27.3mm。此外，架桥机钢箱梁上缘的压应力降低至188.4MPa，下缘拉应力降低至129.4MPa，吊杆最大拉应力为286.5MPa，产生在次边吊杆上，且自边吊杆向跨中部位的吊杆应力呈减小趋势。对于箱梁，其上缘靠近梁端的四分之一跨为受压状态，最大压应力3.1MPa，下缘同样为受压状态，自梁端至跨中压应力呈增大趋势，最大压应力为15.6MPa。

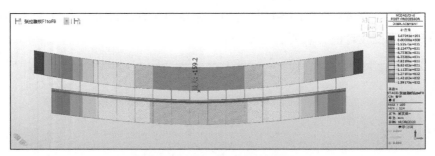

a) 张拉腹板钢束后简支梁和架桥机的竖向位移

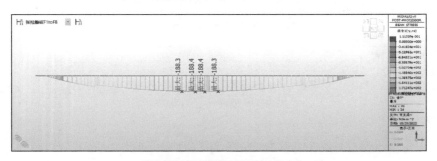

b) 张拉腹板束后架桥机钢主梁上缘应力

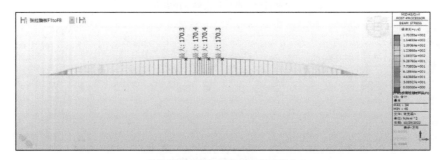

c) 张拉腹板束后架桥机钢主梁下缘应力

图 7-60

d) 张拉腹板束后架桥机吊杆应力

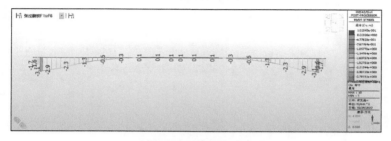

e) 张拉腹板束后简支梁上缘应力

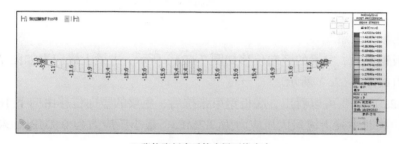

f) 张拉腹板束后简支梁下缘应力

图 7-60　张拉腹板束后计算结果

d. 架桥机卸载

架桥机卸载后，主梁的变形如图 7-61a）所示，主梁上缘的应力如图 7-61b）所示，主梁下缘的应力如图 7-61c）所示。

从图 7-61a）～c）可以看出，架桥机卸载后，主梁的跨中竖向位移从 142.6mm 增加至 162.5mm，同时主梁上缘压应力也呈增大趋势，此时最大压应力发生在跨中截面，为 5.1MPa。此外，主梁下缘的最大压应力减小至 9.8MPa，表明主梁的受拉、受压状态始终满足规范要求。

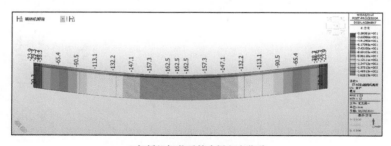

a) 架桥机卸载后简支梁竖向位移

图　　7-61

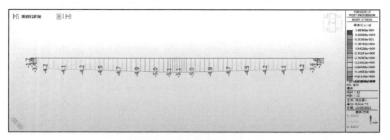

b) 架桥机卸载后简支梁上缘应力

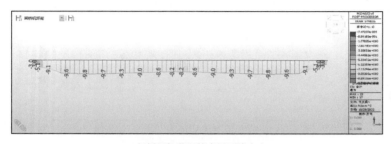

c) 架桥机卸载后简支梁下缘应力

图 7-61　架桥机卸载后计算结果

e. 张拉底板钢束后

张拉底板钢束后，主梁的竖向位移如图 7-62a）所示，主梁上缘应力如图 7-62b）所示，主梁下缘应力如图 7-62c）所示。

从图 7-62a）～c）可以看出，底板钢束张拉后，主梁的竖向位移由向下 162.5mm 降低至 135.9mm，同时主梁上缘最大压应力为 3.2MPa，最小压应力为 0.9MPa，未出现明显受拉情况。

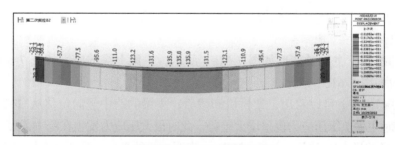

a) 张拉底板钢束后简支梁竖向位移

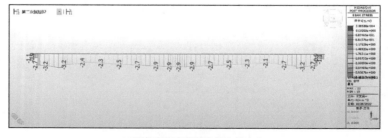

b) 张拉底板束后简支梁上缘应力

图　7-62

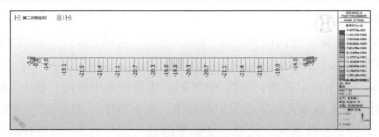

c) 张拉底板钢束后简支梁下缘应力

图 7-62　张拉底板钢束后计算结果

f. 二期荷载上桥

二期荷载上桥后，主梁的竖向位移如图 7-63a）所示，主梁上缘应力如图 7-63b）所示，主梁下缘应力如图 7-63c）所示。

从图 7-63a）～c）可以看出，二期荷载上桥后，主梁的跨中竖向位移由向下 135.9mm 增加至 145.5mm；同时主梁上缘最大压应力发生在跨中，为 6.5MPa，最小压应力为 1.0MPa，未出现明显受拉情况；此外，主梁下缘最大压应力为 17.9MPa，最小压应力为 4.9MPa，均在规范允许范围内。

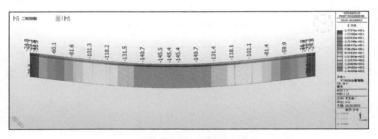

a) 二期荷载上桥后主梁竖向位移

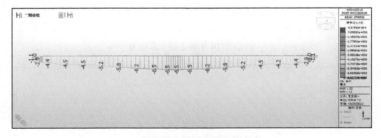

b) 二期荷载上桥后主梁上缘应力

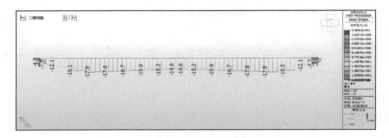

c) 二期荷载上桥后主梁下缘应力

图 7-63　二期荷载上桥后计算结果

g. 运营 10 年后

运营 10 年后，主梁的竖向位移如图 7-64a）所示，主梁上缘应力如图 7-64b）所示，主梁下缘应力如图 7-64c）所示。

从图 7-64a）～c）可以看出，运营 10 年后，主梁的跨中竖向位移由 145.4mm 降低至 141.3mm；同时主梁上缘最大压应力发生在跨中，为 6.7MPa，最小压应力发生在梁端，为 1.0MPa，未出现明显受拉情况。此外，主梁下缘最大压应力为 16.8MPa，最小压应力为 4.8MPa。对比二期荷载上桥［图 7-63b）、c）］可以发现，运营 10 年后主梁上缘压应力略微增大，下缘压应力略微减小，表明此时结构受力趋于稳定。

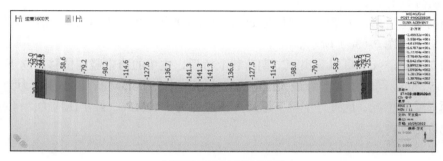

a）运营 10 年后主梁竖向位移

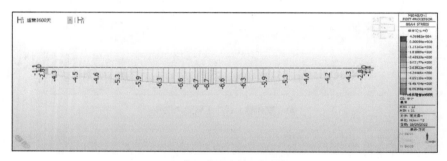

b）运营 10 年后主梁上缘应力

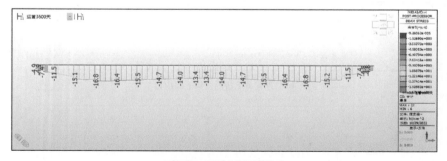

c）运营 10 年后主梁下缘应力

图 7-64　运营 10 年后计算结果

②施工预拱度

a. 主梁线形

为计算施工预拱度，首先提取各施工阶段箱梁的竖向位移，见表 7-13。

简支梁主梁竖向位移表

表 7-13

断面	纵坐标（m）	施工阶段简支梁竖向位移（mm）					
		节段固结	张拉腹板钢束	架桥机卸载	张拉底板钢束	二期荷载上桥	运营 10 年后
梁端	−32.15	−23.4	−24.7	−23.9	−25.1	−24.8	−25.0
左支点	−31.35	−29.3	−29.3	−29.3	−29.3	−29.3	−29.3
0～1 节段	−30	−39.1	−37.0	−38.3	−36.3	−36.9	−36.5
1～2 节段	−26	−68.4	−60.0	−65.4	−57.7	−60.1	−58.6
2～3 节段	−22	−95.4	−81.3	−90.5	−77.5	−81.6	−79.2
3～4 节段	−18	−119.6	−100.6	−113.1	−95.6	−101.3	−98.2
4～5 节段	−14	−139.8	−116.8	−132.2	−111.0	−118.2	−114.6
5～6 节段	−10	−155.5	−129.5	−147.1	−123.2	−131.5	−127.6
6～7 节段	−6	−166.3	−138.2	−157.3	−131.6	−140.7	−136.7
7～8 节段	−2	−171.7	−142.6	−162.5	−135.9	−145.5	−141.3
8～9 节段	2	−171.7	−142.6	−162.5	−135.9	−145.4	−141.3
9～10 节段	6	−166.3	−138.2	−157.3	−131.5	−140.7	−136.6
10～11 节段	10	−155.5	−129.5	−147.1	−123.1	−131.4	−127.5
11～12 节段	14	−139.8	−116.8	−132.2	−110.9	−118.1	−114.5
12～13 节段	18	−119.6	−100.5	−113.1	−95.4	−101.1	−98.0
13～14 节段	22	−95.4	−81.3	−90.5	−77.3	−81.4	−79.0
14～15 节段	26	−68.4	−60.0	−65.4	−57.6	−59.9	−58.5
15～16 节段	30	−39.1	−37.0	−38.3	−36.3	−36.9	−36.5
右支点	31.35	−29.3	−29.3	−29.3	−29.3	−29.3	−29.3
梁端	−32.15	−23.4	−24.7	−23.9	−25.1	−24.8	−25.0

b. 预拱度

考虑到箱梁节段在拼装过程中，预应力张拉、架桥机卸载、二期荷载等均会导致桥面高程发生变化，因此常将运营十年后的高程作为最终的成桥高程。为保证桥面高程符合成桥要求，通常需要反推节段拼装前的初始高程，即"初始高程 = 成桥高程 +（节段固结阶段竖向位移 − 运营十年阶段竖向位移）"，并据此计算节段的预拱度，计算结果如表 7-14 所示，其中初始高程指主梁吊装就位后的高程。

值得注意的是，表 7-14 仅为理论计算结果，施工时需要测量腹板钢束张拉、架桥机卸载、底板张拉等阶段的实际竖向位移，并对计算模型的材料参数等进行修正，以指导后续桥跨预拱度的修正。

预拱度理论计算结果 表 7-14

断面	纵坐标 x（m）	预拱度（m）	断面	纵坐标 x（m）	预拱度（m）
梁端	−32.15	0.002	8～9 节段	2	−0.030
左支点	−31.35	0.000	9～10 节段	6	−0.030
0～1 节段	−30	−0.003	10～11 节段	10	−0.028
1～2 节段	−26	−0.010	11～12 节段	14	−0.025
2～3 节段	−22	−0.016	12～13 节段	18	−0.022
3～4 节段	−18	−0.021	13～14 节段	22	−0.016
4～5 节段	−14	−0.025	14～15 节段	26	−0.010
5～6 节段	−10	−0.028	15～16 节段	30	−0.003
6～7 节段	−6	−0.030	右支点	31.35	0.000
7～8 节段	−2	−0.030	梁端	−32.15	0.002

7.5.2 线形监控

桥梁施工过程中的线形监测是施工监控的重要工作内容之一。线形监测包含对主梁高程、跨长、结构的线形、结构变形及位移和主梁轴线偏位等部分内容。实时跟踪主梁在悬臂施工阶段及合龙过程的变形，是控制成桥线形最主要的依据。

（1）测量仪器

为方便桥面线形控制，需在 0 号块顶面设置基准控制点，采用全站仪将桥址附近的已知基准坐标引至桥面基准点。桥面高程监测是采用精密水准仪对主梁各块件控制点的高程进行测量，以此来精确控制各块件的预拱度，还可以测出主梁块件的扭曲程度。另外，使用全站仪对主梁轴线进行测量。主梁的线形监测以线形通测和局部块件高程测量相结合，在主梁块件浇筑及挂篮移动后等施工阶段进行。

（2）测点布置

根据以往的经验，在每个施工节段前端布置 3 个对称的高程监测点（图 7-65），这样不仅可以测量箱梁的挠度，同时可以监测箱梁是否发生扭转变形。

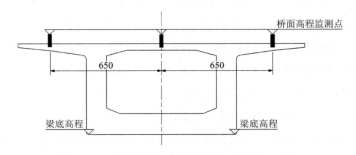

图 7-65　线形监测点布置图（尺寸单位：cm）

测点钢筋头高出梁面 10mm 左右，纵向距离前端 10cm，横向以桥中线对称，所有节段的测点钢筋头应尽可能在一条线上。在整个施工过程中需注意对测点钢筋头进行保护，以免破坏。

（3）关键施工工序的位移变化实测值

在节段拼装完成并调整高程到位后测量高程初值，监测断面为梁端及每个节段的拼缝处，每个断面布置左中右三个监测点，监测断面布置见图 7-66，监测点布置如图 7-67 所示。在架桥机卸载并张拉全部底板钢束后再测量一次高程，计算简支梁位移变化量，本孔中间腹板钢束张拉后、架桥机卸载后未进行测量。底板钢束张拉后主梁实测竖向位移见表 7-15。为更直观反映实测竖向位移与理论位移的对比，绘制了左中右三道测线实测竖向位移平均值与理论位移的对比曲线，如图 7-68 所示。

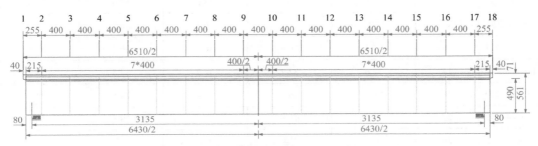

图 7-66　桥面高程监测断面布置（尺寸单位：mm）

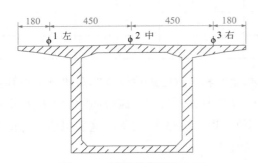

图 7-67　桥面高程测点布置
（尺寸单位：mm）

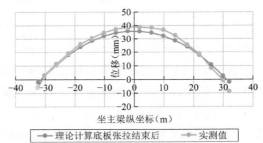

图 7-68　架桥机卸载并张拉底板钢束后实测
竖向位移与理论位移量比较

主梁实测竖向位移　　　　　　　　　　　　　　　表 7-15

断面	纵坐标（m）	简支梁实测位移变化量（mm）				
		左侧线	中线	右侧线	实测位移平均值	位移理论值
		张拉底板结束后	张拉底板结束后	张拉底板结束后	张拉底板结束后	张拉底板结束后
梁端	−32.15	−5.6	−5.3	−6.5	−5.8	−1.7
左支点	−31.35	—	—	—	—	—
0～1 节段	−30	2.4	4.1	2.5	3.0	2.8
1～2 节段	−26	9.6	14.1	10.1	11.3	10.7
2～3 节段	−22	19.7	18.4	18.7	18.9	17.9

续上表

断面	纵坐标（m）	简支梁实测位移变化量（mm）				
		左侧线	中线	右侧线	实测位移平均值	位移理论值
		张拉底板结束后	张拉底板结束后	张拉底板结束后	张拉底板结束后	张拉底板结束后
3～4 节段	−18	27.4	25.7	24.8	26.0	24
4～5 节段	−14	32.5	29.6	29.5	30.5	28.8
5～6 节段	−10	35.4	34.2	33.6	34.4	32.3
6～7 节段	−6	37.3	36.2	37.9	37.1	34.7
7～8 节段	−2	38.3	37.3	40	38.5	35.8
8～9 节段	2	37.9	39	38.8	38.6	35.8
9～10 节段	6	37	37	40.4	38.1	34.8
10～11 节段	10	35.3	36.4	38.4	36.7	32.4
11～12 节段	14	32.6	32.7	32.2	32.5	28.9
12～13 节段	18	24.1	26.1	26.3	25.5	24.2
13～14 节段	22	18.4	18.8	19.2	18.8	18.1
14～15 节段	26	8.8	7.4	8.7	8.3	10.8
15～16 节段	30	−1	−0.7	−0.4	−0.7	2.8
右支点	31.35	—	—	—	—	—
梁端	−32.15	−7.7	−10.5	−8.7	−9.0	−1.7

由表 7-15 和图 7-68 中底板钢束张拉后实测变形和该阶段理论位移的对比分析可知：腹板张拉后箱梁的上拱量和理论计算基本一致，以跨中截面为例，该截面的向上位移实测值为 38.55mm，而理论计算值为 35.8mm，实测值比理论值略大 7.6%。这表明预应力钢束张拉、架桥机卸载等引起的主梁变形与理论计算值基本一致。

（4）实测与设计高程对比

桥面的实测高程反映桥梁的线形，桥梁的实际线形应与设计线形进行对比。架桥机卸载并张拉底板束后实测桥面高程与设计桥面高程的对比结果见表 7-16，绘图如图 7-69 所示。

架桥机卸载并张拉底板束后实测桥面高程与设计桥面高程比较　　　表 7-16

节段端头里程	测点	梁面设计值（内轨顶下0.858m）(m)	测点	底板束张拉后梁边缘高程（m）	实测高程与设计差值（mm）	测点	底板束张拉后梁边缘高程（m）	实测高程与设计差值（mm）
DK15＋404.25	测点 1	314.009	Z1	314.007	−2	Y1	313.984	−25
DK15＋406.8	测点 2	314.036	Z2	314.034	−2	Y2	314.028	−8
DK15＋410.8	测点 3	314.079	Z3	314.079	0	Y3	314.088	9
DK15＋414.8	测点 4	314.122	Z4	314.137	14	Y4	314.137	15
DK15＋418.8	测点 5	314.165	Z5	314.179	14	Y5	314.176	11

续上表

节段端头里程	测点	梁面设计值（内轨顶下 0.858m）（m）	测点	底板束张拉后梁边缘高程（m）	实测高程与设计差值（mm）	测点	底板束张拉后梁边缘高程（m）	实测高程与设计差值（mm）
DK15 + 422.8	测点 6	314.207	Z6	314.234	27	Y6	314.228	21
DK15 + 426.8	测点 7	314.25	Z7	314.269	19	Y7	314.281	31
DK15 + 430.8	测点 8	314.293	Z8	314.313	20	Y8	314.312	19
DK15 + 434.8	测点 9	314.336	Z9	314.343	7	Y9	314.353	17
DK15 + 438.8	测点 10	314.379	Z10	314.404	25	Y10	314.375	−4
DK15 + 442.8	测点 11	314.421	Z11	314.457	36	Y11	314.416	−5
DK15 + 446.8	测点 12	314.464	Z12	314.483	19	Y12	314.470	6
DK15 + 450.8	测点 13	314.507	Z13	314.534	27	Y13	314.513	6
DK15 + 454.8	测点 14	314.55	Z14	314.569	19	Y14	314.543	−7
DK15 + 458.8	测点 15	314.593	Z15	314.620	27	Y15	314.588	−5
DK15 + 462.8	测点 16	314.635	Z16	314.659	24	Y16	314.617	−18
DK15 + 466.8	测点 17	314.678	Z17	314.675	−3	Y17	314.665	−13
DK15 + 469.35	测点 18	314.705	Z18	314.679	−26	Y18	314.697	−8

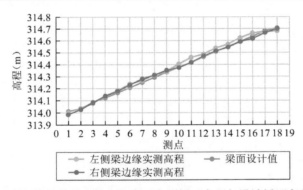

图 7-69　架桥机卸载并张拉底板束后实测桥面高程与设计桥面高程对比图

由表 7-16 及图 7-69 可知，实测桥面高程与设计高程的差值在−26.0～36.0mm，最大负偏差产生在大里程端 16 号块梁端左侧边缘；最大正偏差产生在 9～10 号块接缝左侧边缘。同一梁段左右侧高程偏差和相邻梁段的高程偏差均有正负相反的情况，这说明梁段的安装偏差是影响桥面高程的主要因素。在二期荷载施工后桥面会继续下挠，而随着运营天数的增加，在徐变效应的影响下桥面仍有继续上拱的趋势，故应在后期继续观测桥面高程的变化。

>>> 第**8**章

总结与展望

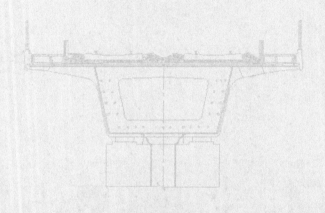

Construction Key Technology and Application of
Simply Supported Box Girder with
Prefabricated Segment Assembly

8.1　总结

本书以简支箱梁节段预制拼装技术理论为基础，总结了节段预制拼装技术在国内外的研究及应用现状，阐述了长线法、短线法在节段预制施工中的特点及施工工艺，厘清了干拼、湿拼法在节段拼装过程中的区别，以及上承式架桥机与上承式架桥机之间的施工差异。在此基础上，将上述技术应用于海控湾特大桥和华福特大桥，同时分析了干拼、湿拼等方法在实际工程应用中的难点及注意事项，本书主要结论如下：

（1）介绍了预制拼装桥梁的发展历程及演化，总结了预制拼装桥梁的关键施工技术，包括制梁场选址与建造、节段预制技术（短线法和长线法）、节段拼装技术（干拼法和湿拼法）和施工监控技术，并围绕上述关键技术，从理论、工程应用两个角度展开阐述，为未来预制拼装桥梁的发展提供了参考依据。

（2）在制梁场选址与建场中，宜融合选址、设计及施工于一体，以提高梁场的制梁效率和质量，降低施工成本；在梁段预制过程中，宜结合短线台座与长线台座，有效提升制梁效率，缩短施工工期；在梁段拼装过程中，宜采用智能张拉系统施加预应力，实现预应力和伸长量的"双控"；在线形监控过程中，宜采用自适应控制策略，实现节段箱梁高程、应力的同步控制，为不同施工条件下预制拼装桥梁的施工提供了技术支撑。

（3）华福特大桥、海湾控大桥采用自适应线形控制方法调整桥梁预拱度，其所建立的数值模型不仅能准确模拟各关键工序施工时的挠度变化，且在底板钢束张拉后，箱梁的上拱量与理论计算基本一致，表明该模型和方法能有效将节段箱梁的高程控制在合理范围内，从而提高桥梁的线形质量，为同类工程的施工提供了思路和成功案例。

8.2　展望

历经半个多世纪的研究及应用，桥梁预制拼装技术已逐渐趋于成熟，建造了如曼谷高速公路桥、苏通长江公路大桥等大量著名桥梁。尽管此类桥梁局部或整体采用预制拼装技术施工，即先在制梁场集中预制、养护，当下部结构施工完成时，再将梁段吊至指定位置进行拼装，具有施工速度快、环境影响小等显著优点，但仍存在部分不足，例如施工工序复杂，接缝施工时操作空间小，钢筋焊接、立模较困难等，难以得到大范围推广。因此，引入新型技术或设备对其进行改良设计是非常有必要的。

（1）虚拟预拼技术

虚拟预拼技术是先利用三维激光扫描技术对节段梁进行扫描，再将扫描参数输入至分析软件中，实现单个节段的高精度检测，从而根据检测结果进行桥梁虚拟预拼。该技术的运用，避免了采用全站仪、钢尺和检验模板等对节段梁进行检测及预拼时，所需场地面积大、拼装精度控制难以及施工效率低等问题，能有效保证成桥线形、结构内力和耐久性符合设计要求。

（2）自动焊接机器人

自动焊接机器人内嵌有高精度传感器和控制系统，通过精确控制焊接过程中焊接电流、电压、温度等参数，依次进行空间三维定位焊接，确保每一个焊点的焊接质量，实现焊缝长度、宽度、饱满度等的精准控制，具有工作速度快、可连续工作的特点，同时可替代工人进行高温、高噪声等危险状况下的焊接作业，有效提高了构件的预制质量。

（3）云监测技术

云监测是在临时结构、主体结构和周边土体安装大量传感设备，并采用云技术、大数据智能化监测及预警系统对各工序中主体及附属结构受力、变形等进行实时监测，通过第五代移动通信（5G）技术实时传输，切实做到追溯过去、把握现在、预测未来。该技术通过实时扫描施工的各项安全指标，可及时发出预警，使用者能通过手机端数据的实时显示，第一时间掌握施工现场的结构质量安全状况。

参 考 文 献

[1] KENNETH W S. Design of haunched single span bridges[J]. Structural Engineering International, 2020, 30(4): 580-591.

[2] 张燕飞, 黄燕庆. 预制节段拼装混凝土桥梁耐久性探讨[J]. 桥梁建设, 2005, 35(6): 110-113.

[3] 刘吉元. 铰接悬臂拼装连续梁剪力铰受力影响因素分析[J]. 铁道建筑, 2022, 62(9): 61-65.

[4] 梁文希. 福州洪塘大桥主孔下部结构的设计和施工[J]. 华东公路, 1992(4): 9-13.

[5] 余为. 预制节段逐跨拼装施工技术在上海市沪闵高架道路工程中的应用[J]. 城市道桥与防洪, 2008(6): 65-69.

[6] 黄国斌, 曹伟杰, 叶飞. 预制节段混凝土桥梁施工方法在嘉浏公路新浏河大桥中的运用[J]. 上海公路, 2001(1): 77-79.

[7] 中铁十七局集团有限公司. 城市轨道交通高架桥简支箱梁节段预制干法拼装架设施工综合技术[J]. 铁道建筑技术, 2009(5): 201.

[8] 饶健辉. 新型预制箱梁节段架桥机的研制及拼装质量控制技术[J]. 城市道桥与防洪, 2009(5): 117-120.

[9] 徐永利, 高明昌. 兰武二线河口黄河特大桥主桥连续弯梁设计[J]. 铁道标准设计, 2005(11): 99.

[10] 王君楼. 海控湾特大桥 64m 箱梁节段预制拼装关键施工技术及分析[J]. 甘肃科技纵横, 2021, 50(9): 38-42.

[11] 彭华春, 张康康, 时松, 等. 节段预制拼装桥梁研究综述[J]. 铁道标准设计, 2022, 66(10): 75-83.

[12] 高明昌, 杨少军, 周光忠. 铁路胶接缝节段拼装简支箱梁的设计实践与展望[J]. 中国铁路, 2018(7): 54-59.

[13] 周大勇. 基于预制胶接拼装法的高速铁路连续梁施工技术与传统施工技术对比[J]. 铁道建筑, 2021, 61(5): 35-37.

[14] 朱万旭, 张贺丽, 甘国荣, 等. 港珠澳大桥预制拼装桥墩预应力高强螺纹钢筋锚固体系试验研究[J]. 施工技术, 2017, 46(16): 101-105.

[15] 施威, 邢雨, 谢远超, 等. 京唐铁路潮白新河特大桥节段预制胶拼法建造关键技术研究[J]. 铁道标准设计, 2019, 63(9): 50-55.

[16] 苏伟, 周岳武, 张悦, 等. 等跨预应力混凝土连续梁无湿接缝逐跨拼装技术[J]. 中国铁路, 2022(3): 23-28.

[17] 周凌宇, 郑恒, 侯文崎, 等. 短线预制箱梁节段线形误差的改进调整法[J]. 华中科技大学学报(自然科学版), 2016, 44(9): 99-104.

[18] 倪志根. 节段箱梁长线法预制在轨道交通工程中的应用[J]. 中国市政工程, 2010(4): 69-71, 86.

[19] 林荫岳. 大跨度造桥机及其在石长线湘江铁路大桥上的使用[J]. 铁道标准设计, 1999(2): 2-6.

[20] 刘孝军, 朱华民. 福州三县洲闽江大桥施工监控[J]. 桥梁建设, 2000(2): 36-38.

[21] 胡昌炳. 珠海淇澳大桥主梁悬臂拼装施工技术[J]. 桥梁建设, 2000(4): 45-48.

[22] 姚宏旭, 冯广胜. 宜昌夷陵长江大桥正桥主梁悬拼施工技术[J]. 森林工程, 2003(5): 59-60.

[23] 王侃. 节段式混凝土桥梁预制阶段线形与姿态控制系统[D]. 上海: 同济大学, 2008.

[24] 郭敏. 节段预制混凝土桥梁拼装阶段线形与姿态控制研究[D]. 上海: 同济大学, 2009.

[25] 中华人民共和国建设部. 施工现场临时用电安全技术规范: JGJ 46—2005[S]. 北京: 中国建筑工业出版社, 2005.

[26] 中华人民共和国交通运输部. 公路钢筋混凝土及预应力混凝土桥涵设计规范: JTG 3362—2018[S]. 北京: 人民交通出版社股份有限公司, 2018.

[27] 中华人民共和国住房和城乡建设部. 混凝土结构设计标准: GB/T 50010—2010[S]. 北京: 中国建筑工业出版社, 2011.

[28] 中华人民共和国住房和城乡建设部. 预应力筋用锚具、夹具和连接器: GB/T 14370—2015[S]. 北京: 中国标准出版社, 2016.

[29] 中华人民共和国住房和城乡建设部. 预应力筋用锚具、夹具和连接器应用技术规程: JGJ 85—2010[S]. 北京: 中国建筑工业出版社, 2010.

[30] 中华人民共和国国家质量监督检验检疫总局, 中国国家标准化管理委员会. 起重机械安全规程 第5部分: 桥式和门式起重机: GB/T 6067.5—2014[S]. 北京: 中国标准出版社, 2015.

[31] 中华人民共和国国家市场监督管理总局, 中国国家标准化管理委员会. 焊缝无损检测 超声检测 技术、检测等级和评定: GB/T 11345—2023[S]. 北京: 中国标准出版社, 2023.

[32] 中华人民共和国国家质量监督检验检疫总局, 中国国家标准化管理委员会. 液压传动系统及其元件的通用规则和安全要求: GB/T 3766—2015[S]. 北京: 中国标准出版社, 2016.

[33] 中国铁路总公司. 铁路混凝土工程施工技术规程: Q/CR 9207—2017[S]. 北京: 中国铁道出版社, 2017.

[34] 国家铁路局. 铁路工程测量规范: TB 10101—2018[S]. 北京: 中国铁道出版社, 2018.

[35] 国家铁路局. 铁路工程土工试验规程: TB 10102—2023[S]. 北京: 中国铁道出版社, 2023.

[36] 中国铁路总公司. 高速铁路桥涵工程施工技术规程: Q/CR 9603—2015[S]. 北京: 中国铁道出版社, 2015.

[37] 国家铁路局. 铁路工程基本作业施工安全技术规程: TB 10301—2020[S]. 北京: 中国

铁道出版社, 2020.

[38] 国家铁路局. 铁路桥涵工程施工安全技术规程: TB 10303—2020[S]. 北京: 中国铁道出版社, 2020.

[39] 中国铁路总公司. 铁路工程施工组织设计规范: QCR 9004—2018[S]. 北京: 中国铁道出版社, 2018.

[40] 国家铁路局. 高速铁路桥涵工程施工质量验收标准: TB 10752—2018 [S]. 北京: 中国铁道出版社, 2018.

[41] 国家市场监督管理总局, 国家标准化管理委员会. 高速铁路预制后张法预应力混凝土简支梁: GB/T 37439—2019[S]. 北京: 中国标准出版社, 2019.

[42] 中华人民共和国铁道部. 铁路后张法预应力混凝土梁管道压浆技术条件: TB/T 3192—2008[S]. 北京: 中国铁道出版社, 2008.

[43] 国家铁路局. 铁路桥涵设计规范: TB 10002—2017[S]. 北京: 中国铁道出版社, 2017.

[44] 国家铁路局. 铁路桥涵混凝土结构设计规范: TB 10092—2017[S]. 北京: 中国铁道出版社, 2017.

[45] 中华人民共和国铁道部. 铁路混凝土结构耐久性设计规范: TB 10005—2010[S]. 北京: 中国铁道出版社, 2010.

[46] 中华人民共和国建设部. 铁路工程抗震设计规范(2009 年版): GB 50111—2006[S]. 北京: 中国计划出版社, 2009.

[47] 中华人民共和国住房和城乡建设部. 钢结构工程施工质量验收标准: GB 50205—2020[S]. 北京: 中国计划出版社, 2020.

[48] 国际混凝土联合会. 混凝土结构模型规范: CEB FIP—2010[S]. Wilhelm Ernst & Sohn, 北京: 2010.